HISTOIRE
NATURELLE
DE
LA FRANCE
MÉRIDIONALE.

TOME SIXIÈME.

N. B.

Voyez un errata de quelques fautes essentielles dans le Tome VII sous presse.

HISTOIRE
NATURELLE
DE LA FRANCE
MÉRIDIONALE,

*O u Recherches sur la Minéralogie du Viva-
rais, du Vélay, du Viennois, du Valensi-
nois, du Forez, de l'Auvergne, de l'Uségeois,
du Gévaudan, du Comtat Venaissin, de la
Provence, des Dioceses de Nîmes, Agde, &c.*

*SUR les Météores, les Arbres, les Animaux,
l'Homme & la Femme de ces Contrées.*

Par M. l'Abbé SOULAVIE.
TOME SIXIÈME.

A PARIS,

Chez
{
J. Fr. QUILLAU, Libraire, rue Chris-
tine, au Magasin Littéraire ;
MERIGOT l'aîné, vis-à-vis de la nou-
velle Salle de l'Opéra ;
MERIGOT jeune, Libraire, quai des
Augustins ;
BELIN, rue Saint-Jacques.

M. DCC. LXXXII.

LISTE

DES SOUSCRIPTIONS.

LE ROI,
LA REINE,
ET LA FAMILLE ROYALE, *pour plusieurs exemplaires.*
LE LANDGRAVE DE HESSE-CASSEL.
Monseigneur LE PRINCE RÉGNANT DE SAXE - GOTHA.

M. Abeille, Secretaire du Département du Commerce.

M. d'Abzac, Evêque de Saint-Papoul.

M. Adanson, de l'Académie des Sciences.

M. d'Alembert.

M. Amelot, Ministre d'Etat.

M. d'Angiviller, Mestre-de-Camp de Cavalerie, Directeur des Bâtimens du Roi, de l'Académie des Sciences.

La Bibliothèque des Augustins de Lyon.

A 3

M. Bacher, Médecin.

M. le Comte de Balazuc-Montréal.

M. Baud, à Hefdin.

MM. Baver & Treutell, Libraires, à Strasbourg, *pour quatre exemplaires.*

M. de Beaupré, Procureur du Roi, à Verfailles.

M. Begué, à Toulouse.

M. Beguillet, Notaire des Etats de Bourgogne.

M. de la Blancherie, Agent de la Correfpondance des Sciences.

M. de Boifgelin, Archevêque d'Aix, *pour dix exemplaires.*

M. de Boiffy-d'Anglas.

La Chartreufe de Bonnefoy en Vivarais.

M. de la Borde.

M. de la Borie.

M. l'Abbé Boffut, de l'Académie des Sciences.

M. le Comte de Boumarel, à Toulouse.

M. de Brienne, Archevêque de Toulouse, *pour trois exemplaires.*

M. Buache, de l'Académie des Sciences.

M. le Comte de Buffon , *pour deux
exemplaires.*

M. de Cambon , Evêque de Mirepoix.

M. du Carlat.

M. de Carrieres, Greffier des Etats de
Languedoc.

M. le Marquis de Caftries , Miniftre &
Secretaire d'Etat.

M. le Duc de Caylus, Grand d'Efpa-
gne.

M. Cazin , Libraire.

M. le Comte de la Cépede, Colonel
au Cercle de Weftphalie.

Feu M. le Marquis de Chabrignac,
Brigadier des Armées du Roi.

M. de la Chadenede , Syndic des Etats
du Vivarais.

M. le Comte de Château-Giron.

Feue Madame la Ducheffe de Che-
vreufe.

M. de Cheylus , Evêque de Bayeux.

M. de Chomél , Envoyé des Etats du
Vavarais.

M. de Cicé, Archevêque de Bordeaux,
pour deux exemplaires.

A 4

M. le Clerc, Libraire, *pour quatre exemplaires.*

M. de Clermont-Tonnere, Evêque de Châlons.

M. le Prince de Croy.

M. le Marquis de Condorcet.

M. Cofter.

Madame la Baronne d'Agrain - des-Hubas.

M. de Dampmartin.

M. Defmer.

M. Deffain junior, Libraire, *pour trois exemplaires.*

M. Dillon, Archevêque de Narbonne, *pour quatre exemplaires.*

M. Diderot.

Madame la veuve Duchefne, Libraire, *pour trois exemplaires.*

M. Durand, Libraire, *pour trente-cinq exemplaires.*

M. le Comte de Duras, Colonel du Régiment de Vexin.

M. le Comte d'Enzemberg, à Klagenfurt.

M. Embry, Médecin, à Aubenas.

M. Efprit, Libraire, *pour trois exemplaires.*

M. de Fabrias, à Privas en Vivarais.

M. de la Fage, Syndic des États de Languedoc.

M. de Faujas de Saint - Fond.

Mademoiſelle Fel , penſionnaire du Roi.

M. Flon, Libraire, à Bruxelles, *pour ſeize exemplaires.*

M. le Chevalier de Fleurieu.

M. de la Foreſt, Subdélégué de l'Intendance , à Joyeuſe.

M. de la Fòſſe , Graveur du Roi , *pour trois exemplaires.*

M. de Fougeroux, de l'Académie des Sciences.

M. Fournier , Libraire , à Verſailles.

M. Francin , Sculpteur du Roi.

M. B. Franklin , Miniſtre des Etats unis auprès du Roi.

M. l'Abbé de Fremont.

M. le Marquis de Ganges.

M. de Genas, de l'Académie de Nimes.

M. le Gendre.

La Bibliothèque de Sainte-Geneviève.

M. le Comte de la Gorce , Baron des Etats du Vivarais.

M. Gouffier.

M. l'Abbé de Grimaldi.

M. Guidy, Cenfeur Royal.

M. Guettard, de l'Académie des Sciences.

M. de Guilleminet.

M. Hamilton, Miniftre du Roi d'Angleterre en la Cour de Naples.

Le R. P. Hyacinte, Prédicateur ordinaire du Roi, de l'Académie des Sciences de Touloufe.

Le R. P. Jannin, Auguftin, à Lyon.

M. Jaquenod, Libraire, à Lyon, *pour cinq exemplaires.*

M. Joly de Fleury, Contrôleur-Général des Finances.

M. le Préfident de Joubert, Tréforier des Etats de Languedoc, *pour deux exemplaires.*

Feu M. de Joubert, Syndic des Etats de Languedoc.

M. le Docteur Kapp, à Leipfick.

M. de la Lande, de l'Académie des Sciences.

M. de la Marck, de l'Académie des Sciences.

Les Etats de Languedoc, *pour plusieurs exemplaires.*

M. de Lastic, Evêque de Rieux.

M. de la Tour, Peintre du Roi, de l'Académie de Peinture & Sculpture, & de celle d'Amiens.

Le R. Pere Laurens, Dominicain, à Nîmes.

M. de Lavoisier, de l'Académie des Sciences.

M. le Camus, de l'Académie de Lyon.

M. le Roi, de l'Académie des Sciences.

M. l'Abbé de Leyde, Curé de Moigny.

La Bibliothèque publique de la Ville de Lyon.

La Société Royale de Londres.

M. de Lorri, Evêque d'Angers.

M. le Marquis de Luchet, Secretaire de l'Académie de Cassel.

M. le Cardinal de Luynes.

M. Macquer, de l'Académie des Sciences.

M. l'Abbé Madier, Confesseur de Mesdames.

M. de Malesherbes, Ministre d'Etat.

M. de Malide, Evêque de Montpellier.

M. de Marbeuf, Evêque d'Autun.

M. le Baron de Marivetz.

M. le Baron de Maubec.

Le Pere Maureau, Dominicain, à Arles.

Feu M. le Comte de Maurepas.

M. de Medavi, Evêque de Comminges.

M. Mentelle, Historiographe de Monseigneur le Comte d'Artois.

M. Merigot jeune, Libraire, *pour treize exemplaires.*

M. de la Methairie, Médecin.

M. le Comte de Milly, de l'Académie des Sciences.

M. le Marquis de Mirepoix, Baron des Etats de Languedoc.

M. de Miromesnil, Garde des Sceaux.

M. Monier, Avocat, à Toulouse.

M. de Montaran, Intendant du Commerce.

M. le Marquis de Mont - Ferrier, Syndic des Etats de Languedoc.

M. de Montagnac, Evêque de Tarbes.

M. de Montigni, Trésorier des Etats de Bourgogne.

M. de Montigni, de l'Académie des Sciences.

M. Morand, de l'Académie des Sciences.

M. l'Abbé de Mortefagne.

M. Mossy, Libraire à Marseille, *pour huit exemplaires*.

M. Moutard, Libraire, *pour vingt-&-un exemplaires*.

M. Necker.

Feu M. l'Abbé de Néedham, de la Société Royale de Londres.

M. de Nicolaï, Evêque de Béziers.

M. Nyon, Libraire.

M. l'Abbé de Palallore, Correspondant de l'Académie des Sciences.

M. Panckoucke, Libraire.

M. Patiot, ancien Commissaire des Guerres.

M. Picot, Ingénieur, à Rouen.

M. Plot de Charmes, en Vivarais.

M. du Perron, Directeur de l'Impri-
merie Royale.

M. de la Peyrouse, de l'Académie de Toulouse.

M. Périsse, Libraire à Lyon, *pour sept exemplaires*.

M. Plunket, Professeur de Théologie en Sorbonne.

M. Pouteau, Secretaire du Département de la Maison du Roi.

M. l'Abbé de Pramond.

M. le Chevalier de Pramond.

M. le Prince, Bibliothécaire de M. le Garde des Sceaux.

Les Etats de Provence, *pour plusieurs exemplaires.*

M. le Baron de Puimaurin.

M. l'Evêque du Puy.

M. le Comte Reuss, à Lobenstein en Saxe.

M. de Reynaud, Conseiller du Roi.

M. l'Abbé Robin.

M. Robinet.

M. de Rome, Syndic des Etats de Languedoc.

M. Rosset, Libraire à Lyon, *pour trois exemplaires.*

M. Rouftan, Médecin, à Nîmes.

M. le Vicomte du Roure, Baron des Etats de Languedoc.

M. l'Abbé Roux, Prieur de Frayssinet.

M. de Royere, Evêque de Castres.

M. de Salomon, Vice - Sénéchal, à Montliemard.

M. le Marquis de la Saumès.

M. de Savines, Evêque de Viviers.

M. de Sauffure, Citoyen de Genève.

M. le Profeffeur Schurer, à Strasbourg.

M. de Séguier, Secretaire de l'Académie de Nîmes.

M. de Sennebier.

M. Servant, Curé de Chaffiers.

M. de Saint-Pierre-Ville.

M. l'Abbé de Saint - Sauveur.

M. de Saint-Simon, Evêque d'Agde,
pour deux exemplaires.

M. le Prince de Soubife.

M. le Profeffeur Spielman, à Strasbourg.

M. de Tholofan, Introducteur desAm-
baffadeurs.

Madame Thomas.

M. le Marquis de la Tour-du-Pin.

Feu M. Turgot, Contrôleur - Général
des Finances.

M. de la Tourrette, Secretaire de l'Académie de Lyon.

M. Valadier, à Nîmes.

M. de Valgorge.

M. Van - Harrewelt.

M. l'Abbé de Verdollin, Secretaire de
la Feuille des Bénéfices.

M. le Comte de Vergennes, Ministre
des Affaires Etrangères.

M. l'Abbé de la Veze-Belay.

M. le Marquis de Villeneuve, Baron
des Etats de Languedoc.

M. l'Abbé de Ville - Vieille, Vicaire-
Général d'Alby.

M. Volant, à Viviers.

M. de Vogué, Evêque de Dijon.

Feu M. le Marquis de Vogué, Chevalier des Ordres du Roi, Comman-
dant de Provence.

M. le Comte de Vogué.

M. Volant, Receveur des Tailles, à
Viviers.

M. l'Evêque d'Uzès.

*La suite des Souscriptions dans le
Tome VII sous presse.*

SUR

SUR

L'HISTOIRE

NATURELLE

D U

GÉVAUDAN.

SUR
L'HISTOIRE
NATURELLE
DU
GÉVAUDAN.

CHAPITRE I.

Voyage de Nîmes en Vivarais ; dans le Diocèse d'Uzès, en Gévaudan & en Auvergne. Observations comparées sur les montagnes de ces diverses Provinces. Passage d'un sol calcaire inférieur vers le sol sabloneux ou de grès. Entrée dans des montagnes schisteuses.

Superposition de couches calcaires vers les hautes montagnes du Gévaudan, du côté d'Altier. Route vers Mende. Sol calcaire. Bas-fond de la vallée de Mende. Sa beauté & fécondité. Voyage sur les montagnes du Palais, de Mende vers l'Auvergne. Granit particulier dans ces cantons.

2400. IL a fallu parcourir une suite de Provinces pour reconnoître que la nature, dans le passage du sol granitique ou schisteux vers le sol calcaire, a établi, entre deux, une grande couche de grès.

Cette couche immense, aussi longue que la chaîne, est située sur le penchant de la côte des montagnes cévenoles qui courent du Languedoc vers Lyon, formant les montagnes vivaroises, gévaudanoises & celles du Vélay, &c.

2401. Cette couche de grès s'offre, entre le sol granitique occidental & le sol calcaire oriental, 1°. à Joyeuse, où un grès à gros grains se montre de tous côtés. La couche reparoît, 2°. près de

Laurac ; 3°. à Montréal, où elle forme
toute une montagne ; 4°. au pont de
Montréal, toujours dans la même direction ; 5°. elle se montre encore à l'Argentière ; 6°. on la reconnoît encore à
Chaffiers, qui eft bâti fur cette même
roche ; 7°. la montagne d'Ailhon en eft
en partie formée ; 8°. on la trouve vers
Couftilliou, avant d'arriver de l'Argentière à la Chapelle ; 9°. à Aubenas
le grès s'offre de nouveau, mais les
couches font plus minces & moins horizontales ; 10°. enfin on retrouve le grès
au pont d'Aubenas & à Cous, au-delà
du mont Coiron, fous Privas.

Par-tout cette couche de grès eft entre
le fol granitique oriental & le fol calcaire oriental.

Quelquefois il eft à gros grains &
mêlangé avec des parties micacées ; ce
qui peut induire en erreur, & faire
prendre ce grès à gros grains pour du
véritable granit primitif.

Souvent ce grès eft fous les matières
calcaires, & fouvent au-deffus.

Plus fouvent encore il eft divifé en

B 3

couches presque horizontales : quelquefois il est farci de pétrifications mal conservées, & de bélemnites.

2402. Vers le contact de la couche de grès, avec la couche calcaire, le grès supérieur ou inférieur fait effervescence avec les acides, & il renferme une certaine quantité de matières calcaires.

2403. Cette couche de grès, ainsi décrite, se trouve sur-tout à Montréal & à Joyeuse, en passant vers le Gévaudan, par les Vens & Villefort ; & les observations faites dans les divers lieux où on la trouve, annoncent qu'elle est à-peu-près de même date relativement à sa formation, que la matière calcaire ; car elle est tantôt au-dessus, tantôt au-dessous, & toujours mêlangée, vers le contact de sa surface, & des couches coquillières, avec quelques molécules calcaires.

2404. Après avoir passé les Vens où est une suite de montagnes calcaires, en couches horizontales, on monte sur un sol schisteux & quartzeux ; ce nouveau terrein ne nourrit plus que des châtaigniers qui n'avoient pas encore poussé des bourgeons le 16 Mai 1780, lorsque je visitai ces montagnes.

Ici finissent, un peu au-dessus des Vens, toutes matières calcaires ; on ne trouve que les débris ou les édifices de l'ancien monde ; tout est schisteux ou granitique.

On croit ne plus trouver des coquilles fossiles que dans l'autre revers des montagnes gévaudanoises qui forment le bassin & la pente des eaux qui coulent vers l'océan.

Mais on est étrangement surpris après avoir monté plusieurs lieues de terrein, de trouver entre Cubières & Villefort, au pied du mont Lauzère, des pics four-cilleux, schisteux, dont les sommets sont calcaires & coquilliers.

2405. En sorte que ce qui est aujourd'hui haute montagne, fut jadis fond de mer & bassin des eaux.

2406. Mais si on observe que ces pics à sommet calcaire, séparent le bassin du Rhône, du bassin de la Garonne ; &

que par conféquent ils font des plus
élevés, on fe repréfentera une fuite de
cataftrophes dont on ne peut avoir idée
faute de monumens ; car ces fommets
calcaires font en grandes couches horizontales ; il en part des vallées, creufées
dans le vif des roches. Ce qui eft plus
remarquable encore , c'eft que les couches coquillières font coupées à pic
vers la pente des eaux, du côté de la
Méditerranée, à-peu-près comme les
couches fuperpofées de Montmartre du
côté de Paris.

2407. Il faut donc qu'il manque une
quantité énorme de terrein oriental qui
foutint jadis ces couches & ces anciens
dépôts : or quelle force les a coupés
ainfi à pic ? quel agent a entraîné le fol
fchifteux fondamental ? Car à quelque diftance de leur pic, vers l'orient , le fol
eft plus bas de trois cents toifes au moins.

2408. L'imagination eft tourmentée
à la vue de ces chûtes orientales de
terrein, de ces précipices perpendiculaires, & de la grande quantité de matière fondamentale qui manque, vers la

Vivarais, dans le baſſin & la pente des eaux vers le Rhône.

2409. Vers la pente occidentale oppoſée, dirigée vers l'océan, arroſée par des eaux qui verſent dans la Garonne, on ne voit plus des chûtes bruſques de terrein. Le Gévaudan, apperçu de ces hauteurs, paroît comme dans une immenſe plaine peu inclinée, couverte d'une couche calcaire de même nature que la précédente, mais déchirée d'une infinité de vallées profondes. On apperçoit des lieux les plus élevés, toute cette région, comme dans une carte de géographie & avec une eſpèce de raviſſement.

Toutes les vallées du côté du Vivarais & dans le ſol ſchiſteux, ſont creuſées dans des profondeurs preſque perpendiculaires. Les eaux ont coupé preſqu'à pic les couches ſupérieures qui couvroient toutes choſes, en ſorte qu'on trouve par-tout où la couche calcaire ſupérieure a été conſervée, une correſpondance du même niveau qui annonce l'ancienne unité & la primitive contiguité de toutes choſes.

2410. Ces coupes perpendiculaires de terrein peuvent nous montrer l'état géographique du fol avant la formation & la pofition des couches calcaires fupérieures fur le fonds fchifteux.

2411. Ayant obfervé les correfpondances & le niveau de cet ancien basfond de mer, j'ai vu qu'il étoit plan & incliné vers l'occident.

2412. Avant que la matière calcaire vînt fe former dans ces lieux, & qu'elle remplît le bas-fond (aujourd'hui fommet de montagnes), le fol étoit donc incliné vers l'océan.

2413. La pente des fleuves vers cette mer étoit donc établie, & quand les eaux maritimes eurent defcendu de ces hauteurs par leur abaiffement, quand elles eurent dépofé leur vafe calcaire fupérieure, les eaux courantes, pluviales & fluviatiles, trouvant une furface déjà inclinée, rongèrent en forme de fillons, le terrein récemment forti des eaux, formèrent les vallées, attaquèrent d'abord la couche calcaire fupérieure, fillonnèrent fon fondement fchifteux, décou-

vrirent la couche calcaire, la rendirent
faillante, en firent des pics de montagnes, & purent nous montrer par
leurs coupes perpendiculaires, les travaux primitifs de la mer.

2414. Ces obfervations locales fuf-
fifent pour démontrer que les mers n'ont
jamais pu fillonner des vallées par leurs
courans : car on trouve ici deux fortes
de travaux d'une époque différente &
éloignée.

Il eft conftant d'abord que la mer a
pofé la couche calcaire horizontale fur
le fchifte incliné ; cet établiffement s'eft
fait lentement ; des peignes, des cornes
d'Ammon, des vis y ont vécu, s'y font
propagés, y ont été envefelis & délaiffés
avec la vafe. Ce travail, en fens horizontal ou peu incliné, eft un dépôt: &
l'effort perpendiculaire qu'il faudroit fuppofer au courant de la mer pour excaver des vallées, eft le réfultat d'une
force dont la direction eft contradictoire à celle que nous connoiffons dans
les eaux maritimes. Je laiffe ces phénomènes de géographie phyfique à ex-

pliquer aux partifans des courans : je ne veux point critiquer leurs Ouvrages : je les eftime toujours, & ce feroit bien s'abaiffer de vouloir déprimer leurs efforts pour nous dévoiler la nature ; je me propofe feulement de défendre la vérité de mes conféquences, & de montrer qu'elles font fondées, & fur une bonne phyfique & fur les notions les plus fimples de la mécanique.

2415. Après avoir obfervé quelque tems les fuperpofitions fingulières de pics calcaires fur de hautes montagnes ifolées & fchifteufes, le fol fe couvre enfin en entier de matière calcaire, & on arrive vers le fommet de la montagne, d'où vous découvrez tout-à-coup la ville de Mende. Elle paroît fous vos pieds, & on eft agréablement furpris de cet afpect, l'un des plus pittorefques & des plus furprenans que je connoiffe ; la ville eft dominée par un magnifique clocher qui fait honneur à la mécanique & à l'architecture gothique ; il eft bâti d'un grès fin, fort agréable qu'on a pris

fur la pente des mêmes montagnes à
peu de diftance de Mende.

2416. La Ville capitale du Gévaudan eft bâtie dans une magnifique petite
plaine dans laquelle fe jettent toutes
les eaux du voifinage; ce qui a formé
un terrein mouvant de tranfport , mêlangé avec des molécules fabloneufes
de grès , avec des pierres calcaires & le
détriment des roches fchifteufes : l'état
de la végétation y eft très-floriffant , &
c'eft le meilleur territoire qu'il y ait
peut-être dans tout le Gévaudan.

2417. On monte fur des montagnes
voifines, en paffant de Mende en Auvergne, & on trouve les montagnes du
palais. Ici ,c'eft un véritable nouveau
monde. On ne rencontre plus des montagnes de grès ni de fchifte, tout eft granitique & quartzeux.

2418. Encore ce granit varie-t-il de
tous les granits connus , ce n'eft point
le quartz qui domine dans la roche,
mais un grisâtre feld - de - fpath , & la
pierre en renferme de gros noyaux cryf-
tallifés.

2419. Telle eſt la ſuite du terrein que j'ai obſervé en Gévaudan. Je vais conſidérer comment le ſchiſte de ces montagnes ſe forme en carrière, & comment l'eau courante creuſe des vallées perpendiculaires dans ce nouveau ſol.

CHAPITRE II.

*Observations sur les montagnes schis-
teuses du Gévaudan, & sur les schistes
primitifs des hautes montagnes. Le mica
domine dans les roches schisteuses des
montagnes gévaudanoises. Il paroît être
une décomposition de matière formée
antérieurement ; ses molécules élémentaires, toutes plates, facilitent l'adhérence réciproque & la réunion par l'intermède de l'eau.*

2420. LES plus hautes montagnes
gévaudanoises séparent le diocèse de
Mende de celui de Viviers ; celles qui
sont entre le Vivarais & Bagnols, sont
schisteuses ; le mica domine dans ces
roches rougeâtres, & le quartz s'y trouve
en abondance, ou en forme de sillons,
ou disseminé dans la masse totale.

En considérant le mica comme principe des schistes, il paroît composer presque toute la substance de ces roches ; il
s'y montre en parcelles infiniment dé-

liées, qui la plupart fe découvrent à peine au microfcope : la terre ou pouf-fière de cette pierre offre, à l'aide de cet inftrument, une infinité de petite lames juxtapofées, tranfparentes, avec peu de matière hétérogène opaque.

2421. J'ai long-tems recherché fi le mica, qui conftitue les roches fchifteufes du Gévaudan, & qui eft formé par une cryftallifation ultérieure du mica, au-trefois cryftallifé dans les roches grani-tiques, étoit foumis à quelque règle dans fes formes; mais je n'ai trouvé, après un travail de plufieurs années, qu'une ten-dance de la matière micacée à fe déliter & à produire le plus grand nombre de couches poffibles.

2422. La matière première qui forme le mica, paroît donc, dans ces roches, avoir joui d'un mouvement réciproque & at-tractif, d'une molécule vers l'autre; tandis que dans la cryftallifation quartzeufe, les molécules cryftallifables nageant dans un fluide, paroiffent avoir eu des directions plus variées, pour former à droite & à gauche des pyramides, &

d'autrés

d'autres pyramides implantées fur les précédentes ou latéralement.

2423. La matière première qui conftitue le *mica*, paroît donc différente de la matière primordiale du quartz, dont l'activité agiffant en tous fens donna des produits fi variés ; tandis que la cryftallifation micacée ne donne qu'une texture lamelleufe & juxtapofée, dépendante d'une molécule primitive déjà lamelleufe elle-même : voici comment je conçois cette dernière opération.

2424. Je fuppofe d'abord que les roches fchifteufes ont été formées par l'intermède d'un fluide aqueux ; cette fuppofition devient probable, lorfqu'on confidere l'enfemble de ces montagnes obfervées en grand, & encore lorfqu'on fait en détail quelques recherches fur quelqu'une de leurs maffes ; mais ce n'eft pas ici le lieu de traiter cette queftion.

2425. Je me repréfente donc la matière micacée nageant dans un fluide aqueux, diffoute dans cet élément,

agitée comme lui, entraînée avec la
vafe limoneufe, dépofée au fond de
l'élément mobile & abandonnée aux
loix de la condenfation, du retrait &
de la pétrification, à mefure que l'eau
fupérieure s'élevoit en fe féparant de
cette matière précipitée au fond.

2426. Les molécules cryftallifables
s'approchant alors les unes des autres,
pouvoient fe réunir plus aifément, & dans
un plus petit efpace de temps, & comme
vraifemblablement les molécules primordiales du mica ont une forme plate,
mince, les points d'adhéfion réciproque
furent plus aifés, par l'application de
deux furfaces plates & correfpondantes,
& ces principes micacés fe difpofoient
ainfi plus aifément à former des feuillets;
comme une carte s'unit à une carte plus
intimement, en appliquant les deux furfaces correfpondantes, qu'en uniffant leurs
côtés, ou comme la furface quarrée d'un
dé à jouer, s'unit plus intimement à
une furface quarrée d'un autre cube,
qu'avec un de fes angles, d'où ne pourroit réfulter aucune adhéfion.

2427. L'adhéfion eft ainfi le premier &
le plus grand phénomène de la formation
des roches micacées fchifteufes; & d'a-
près ces loix il paroît que les molécules
primordiales du mica font plates & élaf-
tiques, d'où réfulte une carrière fchifteufe micacée, & ces explications font
fi fimples qu'on trouve dans nos arts des
opérations de main d'homme, qui nous
permettent d'appliquer leurs effets à
l'opération naturelle, qui s'eft paffée en
miniature dans le cas préfent.

Cette fuite d'obfervations annonce
que le mica, matière conftitutive des
granits, a exifté tout formé avant la formation des roches fchifteufes, & que les
eaux ont décompofé des montagnes
granitiques pour former ces fchiftes;
la preuve la plus plaufible de cette opinion paroît *dans les grenats, les quarts,
les noyaux de granit* qu'on trouve dans
cette roche fchifteufe; le quartz a réuni
toutes ces particules féparées, & en a
formé ces pierres fchifteufes, qu'on trouve, dans tous les lieux du monde, avoi-
finant les montagnes granitiques.

CHAPITRE III.

Diſtinction eſſentielle entre la création ſimultanée de toutes les montagnes homogènes, & la formation des montagnes que l'excavation des vallées intermédiaires rende ſaillantes. La manière dont les eaux courantes détruiſent ces roches ſchiſteuſes micacées influe à la forme totale de ces montagnes ; état des couches perpendiculaires ; état des couches verticales, vue des vallées preſque perpendiculaires des montagnes ſchiſteuſes du Haut-Gévaudan ; goîtres rares en Gévaudan. Réſumé des obſervations faites dans cette Province ſur les granits, les ſchiſtes micacés & les grès voiſins.

2428. NOUS avons vû dans le chapitre précédent, les molécules primitives du ſchiſte, ſe ſuperpoſer & former, en multipliant les points d'adhérence réciproque, la pierre ſciſſile, ſchiſteuſe & micacée du Gévaudan.

Nous avons reconnu les molécules primitives du schiste, comme détriment de montagnes plus anciennes ; puisque la roche renferme encore & des noyaux granitiques & des cryftaux de grenat, qui annoncent d'autres matrices antérieures.

Le mica, matière première des schiftes, exiftoit donc avant les schiftes, & comme molécule plate, ou à deux furfaces, il a formé en petit des roches scifiiles.

Or comme pierre scifiile, en fens horizontal, ce mica a influé en grand fur la forme des montagnes qui en font compofées ; car fi toutes les montagnes ont été créées enfemble, comme la correfpondance de leurs fommets l'annonce par-tout, & fi les eaux courantes les ont formées, en creufant de vaftes fillons, comme nous l'avons prouvé par un grand nombre d'obfervations, il faut néceffairement que les eaux courantes aient agi différemment fur une roche schifteufe, qui fe délite en fens horizontal, & qui varie dans la texture de fes parties, de la forme intrinsèque de toutes les autres efpèces de roches.

C 3

2429. Ainſi la matière deſtructible variant dans les formes de ſa conſtitution intérieure, le réſultat de la deſtruction doit varier auſſi du réſultat de l'altération des autres montagnes, & c'eſt cette différence de travaux & d'effets que je recherche & que je veux expliquer, pour donner un plus grand jour à ma théorie des montagnes, que j'ai dit n'avoir été formées que par l'excavation des vallées intermédiaires qui les ont rendues ſaillantes.

Les Naturaliſtes, ſi ce ſyſtême eſt vrai, n'ont donc point diſtingué dans les montagnes la *création* de la *formation*. La *création* appartient à l'exiſtence ſimultanée de toutes les montagnes de même nature qui n'étoient pas auparavant, & la *formation* eſt un ouvrage ultérieur, quel qu'il ſoit, qui les a rendues ſaillantes, en excavant les vallées intermédiaires, &c.

2430. C'eſt à la forme primitive des molécules ſchiſteuſes qu'on doit attribuer l'eſpèce de deſtruction des montagnes ſchiſteuſes, particulière à ces

régions ; & fi je prouve cette vérité , on
avouera que ces obfervations quelque
petites & quelque rétrécies qu'elles paroiffent, fervent à expliquer les premiers
phénomènes qu'on puiffe obferver fur
les montagnes de cette nature ; & fi au
lieu d'avoir recours à des idées chimé-
riques , à des rêves phyfiques , on trouve
dans les principes mêmes qui conftituent
ces roches , dans les loix de leur cryftallifation , & dans leur formation primordiale, la caufe & l'origine des phénomènes fecondaires auxquels elles font
fujèttes, & qu'elles montrent encore aujourd'hui à l'obfervateur ; je pourrai croire que c'eft partir de la conftitution même
de la roche, d'une vérité de fait & de l'obfervation elle-même , pour expliquer la
formation ultérieure des montagnes fchifteufes , fans avoir recours à des fuppo-
fitions arbitraires : or c'eft de la forme
plate ou à deux furfaces, vifibles feulement aux yeux de l'efprit, que font dé-
rivées les molécules micacées qui font
vifibles au microfcope , & qui forment
les roches fchifteufes que nous obfer-

vons ; l'assemblage de tous ces mica
superposés, formés de petites couches
toujours rougeâtres, ont encore toujours
la propriété de se diviser en lames, &
de se subdiviser encore en plus petites
lames ; & comme dans la roche schis-
teuse, le mica domine toutes les autres
substances constituantes, & comme
celles-ci sont très-divisées, elles sont
obligées de céder à la matière micacée
dominante, à se laisser couper en parties
plates, à se déjeter.

2431. Or c'est de cette propriété à
être coupée ainsi en lames, que je fais
dériver non seulement la forme scissile
des roches schisteuses, mais encore la
forme d'une montagne de cette espèce,
& celle d'une chaîne de montagnes
composées d'une roche de cette nature.

2432. En effet la solidité des parties
est ce qui conserve les montagnes contre
tous les élémens destructeurs qui les
minent lentement. Or comme on a cru
qu'une montagne étoit d'autant plus
solide, qu'elle est composée de couches regulières horizontales superposées,

on a dit l'*ensemble repose sur lui-même, il n'y a point de faux appui ; les parties sont solidement établies avec régularité les unes sur les autres,* on a cru que les montagnes à couche résistoient davantage à l'action destructive des eaux.

2433. Ce raisonnement paroît juste au premier abord ; mais si l'on fait attention que c'est non seulement aux eaux courantes qu'il faut attribuer leur destruction, mais encore aux masses qu'elles entraînent, qui travaillent beaucoup de leur côté à l'érosion & l'excavation des vallées, on reconnoîtra que la formation des montagnes & des chaînes à couches, qui deviennent saillantes peu-à-peu à droite & à gauche par les excavations lentes & successives, est occasionnée par la déchirure de ces couches horizontales, schisteuses & superposées ; & que l'horizontalité de plusieurs couches est la forme la moins solide, c'est-à-dire celle qui prête le plus à la destruction aqueuse.

On voit en effet que plusieurs arches d'un pont sont soutenues par des pilotis

plantés à pic ; tout s'affaisseroit, si les
poutres étoient horizontales, elles céde-
roient au poids, elles plieroient sous la
masse : une glace se coupe encore très-
aisément, en appuyant le coude sur la
surface : mais elle résiste à des coups de
marteaux donnés sur un de ses côtés.

2434. La résistance des corps en
forme de lames, n'est donc pas aussi
considérable du côté des surfaces.

Les montagnes schisteuses, dont les
feuillets sont ou horizontaux, ou peu
inclinés à l'horizon, sont donc plutôt
corrodées par les eaux courantes, que
si elles étoient de masse vive, comme
le granit, & même si leurs lits étoient
perpendiculaires ; la résistance seroit
encore plus grande, parce qu'un léger
frottement enlève un follicule micacé
& horizontal fort aisément, & bientôt
un autre inférieur, tant qu'il peut avoir
action sur une substance de cette forme;
tandis que ce frottement, ou plutôt ces
eaux courantes ont peu de prise contre
les couches verticales coupées horizontalement, & qui opposent non des sur-

faces plates, mais des coupes de lits
fchifteux fuperpofés, qui ne fe laiffent
point entamer auffi aifément.

2435. Voilà pour quoi dans toutes
)les montagnes fchifteufes & majeures du
Gévaudan, qu'on trouve au-deffus de
Bagnols, entre ce village & le diocèfe
de Viviers, les vallées font prefque
toutes coupées à pic.

2436. On eft faifi d'horreur lorfqu'on vifite ces baffes vallées, ou plutôt
lorfqu'on parcourt les fonds des précipices qui fe propagent, en forme de
fillons, fur les hautes montagnes fchifteufes gévaudanoifes ; leur fond eft ar-
rofé d'une eau courante, on n'y trouve
prefque pas de cailloux, comme dans
les montagnes granitiques ; *parce que
tout le mica fchifteux eft détruit*, changé
en boue & en vafe par la corrofion de
l'eau ; cette eau courante, & les corps
qu'elle entraîne, ne détachent point ici,
comme dans les contrées granitiques, des
maffes de roche ; elles font au contraire
l'office de fondant ; elles changent en
une véritable terre graffe ou en vafe

argileufe, la roche qu'elles minent : &
malheur aux habitans des contrées micacées montagneufes ; la plupart ufant
de ces eaux imprégnées de molécules
fchifteufes, en éprouvent des maladies
inconnues aux peuples voifins qui habitent des régions ou règne le granit; ils
voient des goîtres affreux croître fous
leur face, & fe fufpendre horriblement
devant la poitrine, par un épanchement
d'humeurs & un accroiffement de la
peau ; d'autres en reçoivent d'autres in-
commodités étrangères à la partie de
notre ouvrage qui nous occupe aujourd'hui; je n'ai pas vu cependant autant
de goîtres en Gévaudan dans le terrein
fchifteux, qu'on en trouve dans les
autres contrées de cette forte.

Quoi qu'il en foit, je ne puis mieux
dépeindre ces profondes vallées gévaudanoifes creufées perpendiculairement,
qu'en les comparant aux grandes rues
d'une ville confidérable.

Qu'on s'imagine qu'il exifte des vallées, ou plutôt des fillons prefque perpendiculaires trois ou quatre fois plus

profonds que les maisons de nos rues, à fix ou fept étages, qu'on obferve que ces affreufes déchirures du globe font prefque toutes nues, que la terre végétale ne peut fe foutenir fur ce fol en pente, que l'homme n'a pu l'orner en le convèrtiffant à fon ufage, qu'un afpeét de cent précipices s'offrent à la fois d'un lieu élevé aux yeux du fpeétateur; & on aura une idée de ces folitudes gévaudanoifes, que la feule ardeur de connoître la nature peut faire parcourir.

2437. C'eft dans des lieux fombres & analogues que j'ai étudié & médité l'Ouvrage que je publie, foit en Vivarais, foit dans les provinces adjacentes. Le livre de la nature n'eft jamais fi éloquent que lorfqu'on lit fur les coupes des montagnes ainfi efcarpées, & fouvent acceffibles aux feuls animaux qui les habitent : on y voit la fuperpofition des couches hétérogènes, & par conféquent l'ouvrage fucceffif des tems, les principes divers de plufieurs fubftances différentes, les fillons qui fer-

pentent dans l'intérieur des roches primitives, les dégradations que la maffe
totale a éprouvées tout à la fois, & celles
qu'elle fouffre dans quelqu'une de fes
parties ; tandis que dans les contrées
en plaine la nature eft toute mafquée
par les travaux de l'homme, par l'appareil impofant de l'agriculture, par
les déblais des montagnes fupérieures,
par le fol mobile nouvellement entraîné & dépofé fur le fol vierge inférieur & fondamental. Les hautes montagnes font donc la vraie école des
Naturaliftes.

2438. Les vallées dont les fchiftes
ont des couches horizontales, font ainfi
coupées verticalement, à droite & à
gauche ; mais les vallées dont les cou
ches font inclinées ou perpendiculaires,
coupées par des roches plus dures, par
des fillons confidérables hétérogènes,
n'ont plus la même forme.

2439. Les montagnes fchifteufes
ont en effet des couches verticales ou
inclinées.

Dans le premier cas, le lit du ruif-

l'eau eft droit, la vallée eft profondément imprimée en fens vertical dans le
fein de la roche.

Dans le fecond cas, la vallée elle-
même eft plus large & plus tortueufe.

On obferve dans ces montagnes que
l'eau courante & fes corps entraînés
n'ont pu détruire en profondeur ; mais
elles détruifent alors en largeur ; rien de
plus ordinaire de trouver une très-large
vallée, mais peu profonde, fur ces lieux
élevés montagneux.

D'autre part tout eft en défordre
lorfque les couches font inclinées à
l'horizon ; l'eau courante paffant fur
elles, en coupant à angle droit le plan
incliné, & fe formant un lit dans ces
roches, penché vers le lieu le plus
bas de ce plan, elle l'ufe & le dénature
toujours davantage ; dans ce cas la vallée
eft coupée à pic de ce côté, & les eaux
en baignent prefque toujours la bafe,
tandis que le côté oppofé de la vallée
eft une pente douce, ordinairement
couverte de plantes, comme toutes
celles de cette forme que j'ai obfer-

vées sur les hautes montagues schisteuses gévaudanoises.

Telle encore la vallée des Chaunes à l'Argentière en Vivarais, la montagne qui est du côté de Montréal dans ce territoire, composée de couches de roches quartzeuses inclinées ou coupées à pic, & presque sans terre végétale, tandis que la côte des Chaunes opposée, est un chef-d'œuvre d'industrie des habitans de ces cantons, qui ont converti une montagne très-rapide & très-élevée sur l'horizon, en un côteau magnifique & l'un des plus fertiles de tout le voisinage.

Enfin la nature des montagnes schisteuses influe encore sur la forme générale du sol d'une contrée, sur le système *du versement de ses eaux & sur la distribution des vallées.*

Dans ces montagnes la dégradation opérée par l'eau courante, ne se fait point ordinairement par grandes masses, c'est une destruction successive de petites parties qui, à temps égaux, s'altèrent d'une manière égale. L'homogénéité

généité de la matière à diffoudre, permet des deftructions toujours femblables & toujours équivalentes.

Mais dans les montagnes granitiques tout eft différent ; la deftruction lente s'y trouve avec la deftruction par maffes & par enfembles ; il fuffit qu'une partie de la montagne rapide foit attaquée par ce principe qui argilifie les roches, pour qu'il s'y faffe des fciffures, des féparations, des déplacemens de parties ; le granit compofé de parties hétérogènes, de parties plus folides les unes que les autres, de parties inégalement difféminées dans la maffe totale, font fujettes à des loix différentes de confervation. Voilà pour quoi l'on trouve tant de pointes faillantes fur les montagnes de cette nature, tant de précipices fans fymmétrie, fans correfpondance, fans fyftême ; tandis que tout eft régulier dans une contrée dont les fchiftes font compofés de couches ; & voilà pour quoi il règne un certain ordre général d'arrangement dans la diftribution des vallées, des rayons, & des chaînes de montagnes dans les régions schisteuses, & notamment dans celles du Gévaudan.

2440. Résumons ici en peu de mots toutes les vérités que nous ont offert les montagnes schisteuses du Gévaudan, elles nous permettront d'observer une suite d'autres vérités ultérieures qui en dépendent sur les montagnes granitiques, schisteuses & sabloneuses.

1°. La chaîne de montagnes gévaudanoises, vivaroises & cévenoles, qui part du midi vers le nord de la France, est une masse longitudinale dont le fond est une matière granitique;

2°. Parmi les montagnes granitiques se trouvent des montagnes schisteuses dont le gluten est du quartz mêlangé par les eaux;

3°. Sous ces montagnes se trouve une masse de grès qui suit la pente de la chaîne indiquée ci-dessus;

4°. Une couche calcaire recouvre, en partie, le bas-fond inférieur, & enfouit le grès fondamental & le granit qui est au-dessous.

2441. Il nous reste à prouver, d'après

ces obfervations, & d'après plufieurs autres analogues, faites dans d'autres régions, que nous expoferons ci-après:

1°. Que les couches de grès font un débris des roches granitiques accumulé par l'ancienne mer dans des bas-fonds, & que l'eau ayant remanié la matière granitique primitive, en a féparé l'élément quartzeux dont elle a formé les grès à gros grains & les grès fins;

2°. Que les mêmes eaux ayant diffout davantage la matière micacée de ces antiques montagnes granitiques, en ont formé féparément les couches fchifteufes, micacées, argileufes;

3°. Que c'eft après ces opérations très-anciennes que la matière calcaire a pris fa place fur la furface du globe.

Si je prouve ces vérités, non feulement j'aurai affigné l'origine des montagnes de grès, & des roches fchifteufes, mais j'aurai placé des époques intermédiaires entre la création des montagnes granitiques primitives & la formation des matières calcaires & autres fecondaires ou tertiaires.

Mais comme mes observations sur cet objet sont soutenues par plusieurs vérités analogues que j'ai apperçues dans les montagnes de grès du Gâtinois, soit des environs de Fontainebleau & de Malesherbes, soit du voisinage de Moigni, je dois ici rapprocher des faits observés dans ces lieux éloignés, avant d'établir mes conclusions, sur les époques que nous fournit l'ancien monde granitique. Je passe donc du Gévaudan vers les montagnes du Gâtinois, pour faire connoître les vérités analogues qui établissent mes principes.

Fin de l'Histoire naturelle du Gévaudan.

HISTOIRE
NATURELLE
DES MONTAGNES
DE GRÈS
DU GÂTINOIS,
DE MALESHERBES
ET
D'ERMENONVILLE.

HISTOIRE
NATURELLE
DE MALESHERBES
ET
Des montagnes & couches de grès qu'on trouve dans les environs ;

Ou Mémoires pour servir de préliminaires à l'Histoire naturelle des montagnes de grès & des montagnes primitives & granitiques ,

D'après les observations faites dans les environs de Malesherbes, depuis le 13 Mars jusqu'au 22 du même mois 1782.

CHAPITRE I.

Forme du sol, vallées , plaines , collines de Malesherbes. Nature du sol. Cou-

D 4

ches de grès, de matière silicée &
calcaire. Fossiles marins dans les grès.
Chronologie de ces faits. Récapitula-
tion des époques.

2442. LES observations que j'ai faites
dans les environs de Malesherbes qui
trouvent leur place dans cette partie
de mon Ouvrage, où je traite de l'histoire des grès & de leur origine, ont
été occasionnées par le desir de reconnoître sur les lieux les phénomènes
d'une montagne des environs, sous
laquelle M. de Malesherbes avoit entendu des bruits souterreins, accompagnés de commotion ; curieux d'en
connoître les circonstances locales, je
partis de Paris le Mardi 12 Mars ; &
comme dans ce voyage j'ai fait quelques
remarques relatives à l'histoire naturelle des grès, je vais les exposer sous
plusieurs paragraphes différens.

§. PREMIER.

*Observations sur les montagnes , les val-
lées & les plaines des environs de
Malesherbes.*

2443. Malesherbes est situé dans un
vallon formé à droite & à gauche par
l'élévation de deux plaines en montagnes, composées de roches de grès,
de sorte que ce vallon est entièrement
compris dans un terrein presque horizontal , & paroît avoir été formé aux
dépens d'un terrein qui formoit au commencement une vaste plaine qui a été
toute excavée & sillonnée de vallées
& de ravins.

Cette idée devient plausible lorsqu'on
observe que dans cette grande couche
de grès qui règne dans tout le voisinage,
est une couche de matière silicée au-
dessus de laquelle se trouve encore une
couche de pierre calcaire ; toutes ces
couches, comme je le dirai ci-après,
sont l'ouvrage de la mer , elles sont
un vrai dépôt de l'élément liquide ,

& ce n'eſt qu'après la retraite des eaux
maritimes que ce ſol, abandonné aux
eaux pluviales, a été ſillonné par les
courans des rivières, d'où eſt réſultée
la vallée de Malesherbes.

L'homogénéité des couches ſuperpoſées à droite & à gauche, & formées
primitivement en une ſeule couche,
par le même agent, annonce ainſi l'ancienne contiguité coupée aujourd'hui,
après un long paſſage des eaux de la
rivière.

Mais non ſeulement cette ancienne
contiguité eſt prouvée par l'homogénéité des couches établies à droite & à
gauche, mais encore par leur poſition
& leur hauteur correſpondantes. A la
même élévation au-deſſus du fond de
la vallée, ſe trouvent les ſuperpoſi-
tions à droite & à gauche, de chaque
eſpèce de couches : les niveaux des
couches calcaires, des couches de
pierres ſilicées ſe correſpondent de part
& d'autre.

Après avoir déterminé ainſi la géographie phyſique du ſol, après avoir

affigné la caufe de l'excavation de la vallée par l'action des eaux courantes, paffons à la defcription des couches en particulier.

§. I I.

De la couche fondamentale de grès & des couches de matière filicée & calcaire fuperpofées.

2444. Au-deffous de toutes chofes fe trouve la couche des grès ; il eft pur, blanc, diaphane lorfqu'il eft coupé en pieces minces, des coups de marteau le façonnent aifément en cubes : cette faculté annonce l'uniformité de la compofition de fes parties, elle femble prouver que le grès n'eft pas formé de couches lamelleufes ; mais que c'eft un tout continu qui a éprouvé peu de retraits dans fes parties, après la féparation de l'élément liquide qui l'a formé.

La cryftallifation de ce grès néanmoins n'eft pas également parfaite dans toutes fes parties ; dans plufieurs endroits la pierre eft très-compacte ; mais dans d'autres elle devient pulvérulente ; elle forme alors ce fable brillant & quartzeux, débris de la cryftallifation de la roche.

Or c'eft à cette fauffe cryftallifation du grès dans plufieurs de fes parties, que j'attribue le défordre de la roche totale, défordre qu'on obferve à Fontainebleau & dans les cantons voifins : de tous côtés on voit des pics, des maffes foutenues fur un pied plus étroit, des avancemens qui menacent ruine, des caries dans le vif de la roche, & qui forment des niches, & de petites grottes ; dans tous ces accidens je n'ai vu qu'une fimple pulvérulence de la roche de grès dans quelque partie, & fa parfaite cryftallifation dans une autre ; cet état de pulvérulence du grès permet aux eaux pluviales, au vent, à la gelée, & à tous les agens externes qui attaquent les formes du globe, de fillonner, entraîner, divifer, atténuer la roche de grès ; les doigts peuvent même en grattant former un creux dans le vif de la roche qui eft dans cet état.

D'après ces obfervations, on trouve aifément la caufe de cette confufion de toutes les roches de grès de Fontaine-bleau, qui a tant étonné les voyageurs, la partie la plus foible eft tombée en ruine & en fable; mais les quartiers de roche vive minés en-deffous, fe font précipités les uns fur les autres ; & il ne faut point avoir recours ni à des tremblemens de terre, ni à des feux fouterreins pour trouver la caufe de ce dérangement dans les formes primor-diales établies par le fluide qui cryftal-lifa toute la carrière.

Si on demandoit la caufe de cette pulvérulence qui gagne le cœur de la roche, je croirois, fans avoir recours à des agens inconnus, la trouver dans le retrait qu'éprouvent toutes les efpè-ces de roches formées dans l'eau : quand cet élément s'en échappe dans le deffé-chement des parties, il laiffe vuides les efpaces difféminés qu'il occupoit; & où fe trouve ce vuide, fe trouve né-ceffairement un retrait. Or comme ce retrait ne s'eft point fait en fens ho-

rizontal, ce qui auroit formé des couches, ni en sens perpendiculaire, d'où
auroient résulté des prismes, il suit que
ce retrait s'est formé de part en part
sans symmétrie, sans règle, dans l'intérieur de la roche. Ces roches doivent
donc tomber en pulvérulence dans des
endroits indéterminés. Cette destruction
des grès, cet état de pulvérulence qui
paroît se multiplier si souvent en petit
dans un canton de peu d'étendue, se
montre en grand dans la montagne dite
le Tertre blanc, près de Soisi : ici la
pulvérulence a gagné toute la roche,
les eaux pluviales, les vents & la gelée ont déblayé en tous sens cette
grande carrière autrefois contiguë avec
la plaine de Mondeville ; & cette destruction opérée en grand, a nécessairement changé cette vaste roche horizontale en un cône tronqué. Voici par
quelles loix je conçois cette opération :
je suppose que cette grande carrière,
de solide qu'elle étoit, perde la continuité de ses parties constituantes ; alors
toutes les molécules qui la composent

doivent écrouler comme un monceau de bléd, d'où résulte nécessairement un vrai cône.

Cependant, malgré le dépériffement de ces roches, malgré leur dégénération & leur changement en fable, la nature toujours active produit encore des cryftallifations fecondaires, telles ces belles cryftallifations de grès qu'on trouve dans l'intérieur du fable, telles encore ces productions mamelonnées. Ainfi du débris des anciennes montagnes fe forment encore des pierres fecondaires & des cryftallifations récentes qui méritent l'attention des Naturaliftes.

Voilà l'état des montagnes de grès de Fontainebleau, de Malesherbes, & de la grande plaine en montagne fituée entre Etampes & la vallée de Malesherbes, & entre cette vallée & celle de Milly.

Au-deffus de cette couche fondamentale eft une couche de pierre à fufil; elle s'offre fous la forme de blocs irréguliers.

Au-deſſus enfin eſt la couche calcaire ; ce n'eſt pas ici une pierre blanche , homogène , mais une couche formée de blocs irréguliers.

§. III.

Des corps foſſiles contenus dans le grès.

2445. On a ſouvent écrit que les
roches de grès ne renfermoient aucun
reſte pétrifié du monde organiſé : ſi cette
aſſertion eſt générale , je puis , par deux
obſervations , montrer le contraire. J'ai
trouvé une douzaine de globes de
grès dont le centre eſt creux , & je crois
avoir apperçu des béleminites dans cette
ſorte de géode.

Je n'oſe cependant point porter mon
jugement ſur cette partie , ni déterminer
ſi les corps contenus ſont des béleminites.
Mais ſi ces béleminites ſont douteuſes ,
j'ai une coquille appellée le péigne , qui
décide enfin la queſtion ſans replique :
la pierre qui la renferme a été trouvée
dans le pays de grès , & elle fait feu au
coup de briquet. J'avois trouvé dans les
grès

grès du Vivarais des bélemnites bien caractérisées, & je les avois décrites : quelques personnes ont jugé, peut-être avec trop de précipitation, que ce fait étoit arbitraire, & que je ne l'avois point prouvé ; j'ai donc lieu d'être flatté de le voir confirmé dans ce dernier voyage, & de pouvoir dire que dans le grès vitrescible sur la surface supérieure qui avoisine la roche calcaire, il existe de véritables corps d'animaux marins dans une roche de grès que la mer a délaissée (vérité que j'ai vu se confirmer dans mon voyage à Ermenonville, où ces fossiles sont très-bien conservés). Il faut observer cependant que le grès qui donne des étincelles en le frappant à coups de briquets, renferme des matières calcaires : on peut en juger par l'effervescence que la pierre fait avec les acides.

Ce grès mêlangé avec des molécules calcaires jouit encore quelquefois de la propriété de former des stalagmites ; j'entends par ce terme une tapisserie de grès crystallisé qui couvre une concavité quelconque, & je joins ici un échantillon du morceau que j'ai coupé dans un antre des environs de Milly en Gâtinois.

§. IV.

Obſervations ſur ces divers travaux de la nature, conſidérés ſelon leur ordre chronologique.

2446. Nous avons décrit juſqu'à ce moment des vallées creuſées dans le vif des montagnes de grès, des matières calcaires ſuperpoſées, des tourbes & des reſtes d'animaux marins pétrifiés dans la pierre de grès: tous ces ouvrages n'ont point été faits à la fois, & il s'agit d'aſſigner ici la date reſpective de chaque formation.

Deux principes ſeulement, deux vérités inconteſtables ſuffiſent pour déterminer l'époque reſpective de chaque travail, & pour diſtinguer, dans la Géographie phyſique, les formes primitives d'avec les plus récentes, par leſquelles la ſurface du globe a paſſé. Le premier principe eſt énoncé de la ſorte:

toute carrière poſée ſur une autre hétéro-
gène eſt antérieure pour l'ordre de temps
de ſa formation, à la carrière inférieure
hétérogène. Il ſuit de ce principe qu'il
ne manque que d'obſerver la ſuperpoſition réciproque des roches granitiques, des grès, des ſchiſtes, des
roches calcaires, des couches coquillières, des couches herboriſées, des
poudingues & autres, pour aſſigner la
date reſpective des formations, pour
donner à l'Hiſtoire naturelle une vraie
chronologie phyſique des événements
arrivés à la ſurface du globe ; & comme
l'Hiſtoire naturelle poſſède déjà ſa
chymie, ſa nomenclature, ſa géographie, elle poſſédera bientôt auſſi ſa chronologie.

Le ſecond principe je l'exprime de
la ſorte : *tout* CONTENU *ſuppoſe l'exiſ-*
tence d'un CONTENANT *avant que ce*
contenu occupât la place qu'il tient.

Par ce principe j'explique auſſi les
différentes formes qu'a eues une contrée
quelconque, & pluſieurs phénomènes
de la Géographie phyſique, ainſi que

je vais l'expofer, dans l'application de ces principes aux obfervations faites dans le territoire de Malesherbes.

PREMIÈRE FORMATION.

2447. Il faut obferver que la nature forma dans cette contrée, avant tout autre ouvrage, une immenfe carrière de grès qu'on voit régner depuis Soifi jufqu'à Fontainebleau, & que j'ai étudiée furtout depuis la vallée d'Eftampes jufqu'à celle de Milly ; l'eau fut l'élément formateur de cette roche ; c'eft elle qui tenoit dans un état de diffolution les principes du grès, & qui leur permit de paffer dans un état de cryftallifation.

SECONDE FORMATION.

2448. Après que ce dépôt inférieur & fondamental fut établi, la couche de pierre filicée fut formée, fa place chronologique lui eft affurée, parce qu'elle eft placée au-deffus.

Troisième formation.

2449. La même mer enfin qui avoit formé les grès & les matières filicées, pofa au-deffus les matières calcaires qui dominent en élévation & en pofition fur tout le refte. Or il confte, par les obfervations locales, que cette ancienne mer qui a formé en différens temps cette triple fuperpofition, a renfermé des êtres organifés lorfqu'elle dépofoit la matière de grès inférieure.

On voit qu'à cette époque les peignes & les bélemnites vivoient dans cet élément, & s'y propageoient, & que la matière calcaire commençoit à fe former au fond des eaux, à côté des coquilles pétrifiées, car j'ai prouvé que ces matières qui contiennent ces coquilles & ces bélemnites, font un grès vitrefcible, faifant feu avec le briquet, quartzeux & mêlé encore avec une portion de matière calcaire, ce qui forme un nouvel accident dans ces grès, occafionné par les débris des êtres organifés & maritimes qui s'y trouvent.

E 3

Il est donc certain que la mer a non seulement formé ces roches calcaires, & ces roches de grès; mais il est certain encore qu'elle s'en est retirée. Ce n'est pas ici le lieu de dire si elle a quitté les hauteurs par translation, ou par diminution, le fait est qu'elle a quitté ce lieu, & que dès ce moment cette contrée sortie du sein des eaux a été abandonnée à l'athmosphère & à l'action des eaux courantes pluviales & fluviatiles, ce qui forme le quatrième âge physique de ces régions dans lequel nous nous trouvons. Voyons ce qui se passe sous nos yeux.

QUATRIÈME FORMATION.

2450. Depuis l'apparition de ce terrein hors du sein des eaux maritimes, les eaux pluviales & les eaux de rivières dégradent sans cesse le premier ouvrage des eaux, soit en l'entraînant, soit par la voie de la dissolution. La force qui entraîne, dépouille sans cesse les montagnes de grès de tout ce qu'elles ont de mobile; sans cesse il se forme

des atterriſſemens, des amas de ſable
& de toutes les dépouilles du ſol qui
agrandiſſent les ſciſſures, augmentent
la vallée en largeur & en profondeur,
ſont rejetés dans la mer par les eaux
avec les débris du terrein ſupérieur. De
là ce ſable ſuperfin qui règne dans l'embouchure de tous les fleuves connus
ſur la ſurface de la terre.

Ces mêmes eaux pluviales ont encore
le pouvoir de tenir dans une eſpèce de
diſſolution une vaſe ; c'eſt ce qu'on appelle l'*eau trouble* après les pluies. Toute
cette matière, que les eaux pluviales
tiennent en état de ſuſpenſion, n'eſt qu'un
détriment, une vraie dépouille, d'où ſuit
naturellement une augmentation de la
vallée dans ſa capacité. Si donc il exiſte
dans cette vallée, ainſi formée à la longue par l'excavation des eaux, une matière hétérogène *contenue*, on pourra
dire que le *contenant* exiſtoit avant
qu'elle y vînt prendre ſa place ; principe
qui détermine l'époque comparée des
tourbes qui exiſtent au fond de la vallée,
ce qui forme la cinquième formation.

E 4

CINQUIÈME FORMATION.

2451. Ce fut en effet après la retraite de la mer, après la formation des vallées, dans le sein des trois carrières superposées, que la végétation s'étant emparé des bas-fonds, & ayant même fleuri dans toutes ces régions, permit aux végétaux de se propager dans le fond des vallées. Nous en voyons les détrimens sous le nom de tourbe. Heureuses les contrées qui la possèdent! Lorsque nos Arts auront détruit nos forêts, les hommes pourront avoir recours à ce combustible que lui fournit la nature.

Récapitulation des époques.

2452. S'il est donc vrai que tout *contenu* suppose un *contenant* existant avant qu'il vînt se loger dans sa capacité, & s'il est vrai encore que dans la superposition de grandes carrières hétérogènes, les inférieures soient les plus anciennes, il reste prouvé,

1°. Que la nature a formé d'abord

dans les contrées voisines de Malesher-
bès, de grands bancs de grès, par voie
humide & en forme de dépôt;

2º. Qu'après cette époque la mer
nourrissoit dans son sein des coquilles
dont les analogues subsistent encore
dans la mer & des bélemnites dont ses
descendans ou ne subsistent plus, ou
ont transmigré ailleurs;

3º. Qu'après ces faits la nature forma,
toujours par voie humide, & en forme
de dépôt, la couche supérieure silicée;

4º. Qu'elle établit ensuite sur cet
ouvrage une couche calcaire;

5º. Que la mer qui fabriqua les monumens de ces faits, se retira de ces
lieux ou par translation, ou par diminution;

6º. Que ce terrein récemment sorti du
sein des eaux, fut sillonné de vallées & de
ravins par les eaux courantes pluviales;

7º. Que la végétation s'empara de ce
nouveau sol: ce qui forme sept ouvrages distincts & séparés dans l'ordre des
temps comme dans l'ordre des substances hétérogènes.

CHAPITRE II.

Digression sur les secousses qu'a éprouvées une colline de sable dans les environs de Malesherbes, & sur le bruit souterrein qu'on a entendu. Première lettre écrite à MM. les Auteurs du Journal de Paris. Lettre à M. de la Blancherie, Agent-Général de Correspondance pour les Sciences & les Arts. Seconde lettre à MM. les Auteurs du Journal de Paris. Observations analogues communiquées par M. le Marquis de Castelja. Observations de M. Cadet-de-Vaux. Observations de M. de Maison-Neuve.

PREMIÈRE LETTRE AUX AUTEURS DU JOURNAL DE PARIS.

De Malesherbes, le 17 Mars 1782.

J'AI été, Messieurs, ce matin, témoin oculaire des phénomènes que présente une montagne de sable dans les environs de Malesherbes, & j'ai entendu un bruit sous mes pieds, semblable à celui d'un coup de canon éloigné ; la montagne a éprouvé dans le même instant une commotion, & j'ai été tant soit peu soulevé. Le lieu qui renferme la cause de ces phénomènes n'est point profond ; car un son éloigné reste quelque temps à parvenir à l'oreille ; or j'ai éprouvé, dans le même moment, & la pulsation souterreine, & le sentiment du son qu'elle produit.

Ce phénomène, Messieurs, est isolé dans l'ordre des phénomènes souterreins, & il est fort singulier ; mais il n'est accompagné d'aucun symptôme effrayant.

Dans les campagnes voisines que je parcours pour étudier le système de la nature des environs, le peuple a recours à des superstitions pour expliquer ce phénomène. Vous ne sauriez imaginer quels contes extravagans il débite.

Le peuple m'a paru plus éclairé à Malesherbes & à Fontainebleau ; il est même curieux des singularités de la nature, & son imagination est plus tranquille ; il appelle tout simplement cette montagne , *la montagne qui cogne.*

J'ai l'honneur d'être , &c.

SECONDE LETTRE

A M. de la Blancherie , *Agent-Général de Correspondance pour les Sciences & les Arts.*

2453. J'ai l'honneur de vous adresser, Monsieur , un détail succinct des phénomènes de la montagne de Malesherbes que je viens d'observer , & dont vous desirez de connoître les particularités. J'ai entendu effectivement le 16 du mois passé, un bruit souterrein, non prolongé & sec, que M. de Malesherbes a très-bien comparé à celui d'un coup de canon entendu de loin, lorsqu'il n'est pas modifié par des échos ; & dans l'instant même de la percussion, j'ai senti une commotion semblable à celle que j'éprouverois , si on frappoit un grand coup contre la voûte , sur laquelle je serois placé. Je ne puis pas mieux exprimer, Monsieur, mes deux sensations; mais il faut observer, 1°. que le bruit & la commotion ont été sentis dans le même moment; 2°. que la direction de la commotion s'est faite du centre de la montagne, vers la circonférence & en sens vertical; 3°. que ces bruits & les percussions souterreines, ont été fréquens dès le dégel, après le grand froid de cet hiver; de sorte qu'un Gentilhomme du voisinage a assuré que, la montre à la main, il avoit compté quatorze & quinze percussions & bruits par minute; 4°. que le 21 Mars, *après la description envoyée au Journal de Paris*, les phénomènes étoient si rares, que j'ai attendu plus de trois quarts-d'heure, sans rien entendre; 5°. & qu'enfin la montagne, du pied jusqu'au sommet, ayant une surface coupée presqu'à pic, est toute composée de sable. Voilà, Monsieur, ce que j'ai vu.

Il est plusieurs observateurs de la nature, Monsieur, qui rejettent ou passent sous silence les faits qui ne cadrent pas avec leurs systêmes. D'autres prévenus par cette fureur éternelle de décrire la nature, malgré sa simplicité, sous des points de vue systématiques, voient toutes choses sous un aspect différent; quelques-uns enfin ne peuvent appercevoir ce que d'autres ont vu, parce qu'ils ont été conduits sur les lieux avec d'autres vues; aussi je n'oublierai jamais que M. Desmarest ayant découvert les couches prismatisées de Montmartre, il fallut, pour convaincre un incrédule de l'existence de ces figures géométriques, que je lui fisse palper & mesurer les surfaces planes & les angles de cette géométrie naturelle, qu'on ne peut se lasser d'admirer dans les carrières.

Cette remarque sur la manière d'observer est nécessaire à mon sujet, car quelle que soit la cause des phénomènes souterreins de la montagne, les faits décrits ne sont pas moins vrais, & comme je les ai trouvés isolés des phénomènes connus & souterreins, j'ai pensé que je ne devois pas légèrement en expliquer la cause, & j'avoue ingénuement mon incapacité.

J'obſerverai néanmoins que les phénomènes ne peuvent être occaſionnés
par des coups de marteau, où par le jeu
des mines ſituées pluſieurs lieues au-
delà, comme on l'a dit : je ne puis
croire que cette manière de juger, ſoit
conforme à la bonne phyſique. Comment une contrée déchirée de vallées,
pourroit-elle être ſecouée de la ſorte?
Les roches des grès & une montagne de
ſable mouvant qui s'éboule, ſont-elles
ſonores? La percuſſion ſouterreine & le
ſon qu'elle produit, ne ſont-ils pas ſentis
dans le même moment, tandis que la
propagation d'un ſon éloigné n'arrive
que tard à l'oreille, ſelon les loix connues? Enfin ce bruit & les commotions n'ont-ils pas été très-fréquens dès
le dégel, & ne ſe ſont-ils pas ralentis
aujourd'hui, ne les a-t-on pas éprouvés
la nuit & le jour, les jours ouvrables,
comme les jours de fêtes?

Voilà, Monſieur, les ſingùlarités de
cette montagne. Elles me paroiſſent
mériter l'attention des curieux de la
nature; mais je crois qu'il eſt prudent

de s'en tenir aux faits, fans fonder une caufe encore cachée : dans quelque temps je publierai, dans une des livraifon de l'Hiftoire naturelle de la France méridionale, qui va fortir de la preffe, l'expofé de la nature dans les environs: les couches de grès & de fables, de pierres calcaires & filicées, les vallées & les tourbes méritent quelqu'attention : il m'a paru que la nature avoit formé ce fol à plufieurs époques remarquables & féparées entr'elles, je décrirai des coquilles foffiles, trouvées fur la furface fupérieure du grès dépofé par voie humide dans ces lieux, & formé avant les couches filicées, avant les roches calcaires, avant la retraite des eaux de la mer, avant l'excavation des vallées opérée après cette retraite, par les eaux courantes fluviatiles, & avant les dépôts des tourbes du fond de la vallée, produit végétal.

Je fuis fondé, Monfieur, dans ma chronologie phyfique, fur deux principes que j'ai mis en pratique, en étudiant nos contrées méridionales, & dont

dont je ne me départirai jamais ; je les exprime ici parce que je crois qu'ils sont les vrais guides pour lire dans l'histoire les faits passés de la nature.

I. Toutes les fois qu'on observe dans les montagnes des couches hétérogènes, soit que l'eau les ait formées, ou le feu ; soit qu'elles soient farcies de coquillages pétrifiés ou empreintes de plantes, il est incontestable que les couches inférieures sont plus anciennes dans l'ordre chronologique des travaux de la nature.

II. Toutes les fois qu'il existe dans les montagnes des *contenans*, comme les vallées profondes, les lacs, &c. & que dans ces contenans, il existe des *contenus*, comme, carrières secondaires, atterrissemens, coulées de laves, mines, &c. &c. il est incontestable que le contenant existoit avant que le *contenu* vînt y prendre sa place.

D'après ces deux principes, Monsieur, je crois qu'on peut écrire, sans illusion, les fastes de la nature. Le premier principe nous dévoile l'ordre des formations. Le second nous explique les variétés successives, dans les formes de notre globle, & doit nous dévoiler tous les secrets de la Géographie physique.

Je suis, &c.

l'Abbé SOULAVIE.

TROISIEME LETTRE

Aux Auteurs du Journal de Paris, le 5 Avril 1782.

2454. Quand de Malesherbes j'eus l'honneur de vous adresser, Messieurs, un détail très-succinct des phénomènes que j'observois, je ne parlai que de faits positifs; je n'osai, je n'ose encore hasarder un système sur cet objet; mais puisque vous attendez *des observations plus positives* encore, ayant été témoin oculaire pendant plusieurs jours de ce qui s'est passé, j'ai l'honneur de vous adresser une suite d'observations locales, où je relève quelques méprises légères sur la topographie des environs, exposée par un Anonyme dans votre feuille de ce jour.

Observations sur la nature des couches,
dans les environs de Malesherbes.

1. *Le terrein*, dit l'Anonyme (Journal de Paris, 5 Avril) *est formé de sable, de cailloux & de fragmens de grès ; au-dessous sont des couches mobiles de pierres calcaires.* Permettez - moi d'observer qu'on a observé tout le contraire ; car les couches de la terre sont disposées dans cet ordre, l'inverse du précédent. En comptant de bas en haut on trouve, 1°. des couches de sable ou des roches de grès ; 2°. une couche de pierres silicées ; 3°. des couches de pierre calcaire ; 4°. une couche de terre végétale supérieure. Telle est la véritable disposition des couches, dont je prépare l'histoire dans un Mémoire séparé.

2. *L'eau & la mobilité de ces pierres* (continue l'Anonyme) *paroissent être la cause du phénomène,* &c. J'observerai ci-après, Messieurs, que la montagne dont il s'agit n'est aucunement formée

de pierres mobiles ; car elle est toute
de sable , du pied jusqu'au sommet.

Observations sur la disposition géogra-
phique des montagnes adjacentes.

3. La montagne, ou, pour s'exprimer
d'une manière plus conforme à l'histoire
naturelle, la très-petite & très-infé-
rieure colline où se fait sentir le phénomène, n'est qu'un amas de sable su-
perfin, mouvant, que le vent détache
de la montagne lorsqu'il est sec : cette
colline, très-bien exprimée dans la carte
de l'Académie, est située à la jonction
d'un ravin à la grande vallée de Ma-
les herbes ; elle forme ainsi un angle
saillant très-obtus, qui sépare les eaux.

4. C'est, Messieurs, sur la rampe de
cette colline de sable que j'ai senti la
commotion & entendu la percussion
souterreine ; ces deux accidens sont
accompagnés des phénomènes suivans.

5. Le bruit & la commotion sont
sentis dans le même instant.

6. L'un & l'autre sont si peu considérables, qu'il faut attendre avec une

grande attention pour qu'ils foient fenfibles : leurs degrés d'intenfité néanmoins varient.

7. On n'éprouve la commotion , & on n'entend le bruit que dans une très-petite partie de la montagne.

8. Mon conducteur & trois fpectateurs, éloignés de cinq à fix pas de moi, ayant entendu le bruit, n'ont pas fenti la commotion que j'ai éprouvée.

9. Cette commotion n'eft pas toujours fenfible dans le même point de la montagne ; mais ce point varie, & change de place quelquefois.

10. La direction des forces qui occafionnent la commotion n'eft ni oblique, ni horizontale ; mais elle fe manifefte feulement en fens vertical , du centre de la montagne vers la circonférence.

11. S'il eft vrai que la chûte d'une maffe fouterreine occafionne le bruit & la commotion , cette chûte n'étoit point apparente au - dehors le Vendredi 22 Mars dernier , jour de mes obfervations.

12. Je compare la commotion à celle

que j'éprouverois, si, sous une voûte, on frappoit un grand coup sec.

13. Je compare encore le bruit souterrein à un coup de canon éloigné, parvenu à l'oreille sans les modifications des échos ; & ce qui me persuade que cette comparaison est juste, c'est que M. de Malesherbes l'a ainsi déterminée, & qu'elle a été approuvée de tous ceux qui l'ont sentie.

14. Cependant, comme je ne veux pas passer sous silence, même les observations locales différentes des miennes, je dois dire qu'on a assuré que la montagne avoit produit, une fois, un bruit prolongé tant soit peu ; mais tous ceux que j'ai entendus ont été secs, non continués comme le tonnerre, ou comme le bruit qui retentit dans de vastes concavités.

15. La fréquence des percussions & des bruits fut telle, au commencement, qu'un Seigneur du voisinage, bien digne de foi, a assuré dans le château, avoir compté treize ou quatorze percussions par minute.

16. Tous ces phénomènes ont commencé à se faire sentir dans le dégel seulement après les grands froids de cet hiver.

17. Les derniers jours de mes observations ces percussions étoient plus rares ; le dernier jour 22 Mars, j'ai attendu trois quarts-d'heure sans rien sentir ni entendre.

18. J'apprends cependant (aujourd'hui cinq Avril) que la montagne vient d'éprouver une commotion, avec le bruit ordinaire, plus forte que toutes celles qu'on a senties depuis qu'on observe la montagne.

19. Enfin le bruit & les commotions sont sensibles la nuit comme le jour.

Voilà, Messieurs, les dix-neuf observations faites à Malesherbes depuis le Mercredi 13 Mars jusqu'au Vendredi 22 ; & si vous desirez faire connoître mon sentiment sur la cause de ces phénomènes, je l'exposerai sans aucune prétention, car je crois qu'on ne peut, sans imprudence, déterminer encore la cause de ces singularités.

J'ai l'honneur d'être, &c.

SOULAVIE.

F 4

Ce phénomène de la montagne ré-
fonante a rappellé plusieurs observations analogues. M. le Marquis de Caf-
telja, qui a des connoissances très-profondes en chymie & en minéralogie,
a observé, il y a près de deux ans &
demi, à environ cinquante pieds d'un
château appellé la Maison blanche,
auprès de Neuilly-sur-Marne, une fosse
conique d'environ quarante pieds de
diamètre, & d'une profondeur à-peu-
près la même, quinze ou dix-huit pou-
ces d'une eau blanchâtre & mousseuse
inondèrent le bas-fond après un bruit
souterrein considérable.

On observe dans la même terre,
un canton dont le nom rural est *la
contrée de l'abyme*, où se trouvent des
vestiges d'anciens enfoncemens de terreins semblables. Une grande crevasse
conique remarquable parmi plusieurs
autres, est encore apparente. Ce terrein
est situé sur une pente douce qui aboutit
au grand chemin tout le long de la
Marne.

M. Cadet-de-Vaux, Auteur d'une

infinité d'obfervations intéreffantes fur la phyfique & fur l'hiftoire naturelle, inférées dans le Journal de Paris, dit dans le N°. 95 de cette année, 5 Avril, page 378 : « L'eau & la mobilité des pierres paroiffent être la caufe des phénomènes que préfente la montagne de Malesherbes. En effet, il y a lieu de préfumer que l'eau a miné à la longue le terrein intérieur & y a formé des excavations ; qu'en s'infiltrant elle a enlevé les portions intermédiaires des maffes, & les a abandonnées à elles-mêmes, ce qui aura occafionné leur chûte ; car de même qu'il y a des fragmens de maffes de grès détachés dans les lits fupérieurs, il peut y en avoir également au-deffous de la pierre calcaire. Ces fragmens de grès & pierres, en fe détachant & en tombant dans l'excavation formée par les eaux, fe brifent & donnent naiffance au bruit & à la commotion.

On obferve dans les mines que le bruit eft d'autant plus confidérable que les ouvertures font moindres. Le coup de pique du mineur ou la chûte d'une maffe de

minerais, peu fensible dans l'intérieur,
forment un coup effrayant à l'embouchure du puits de la mine, ou à la tête
d'une galerie. Dans nos puits ordinaires,
pour peu qu'ils foient profonds, une
pierre légère que l'on y jette fait un bruit
très-fort ; enfin on peut calculer l'étendue & la propagation des fons dans une
concavité environnée d'une maffe folide.

La montagne de Malesherbes n'eft
pas la première qui offre un phénomène de ce genre. Depuis 1739 jufqu'en 1741, une montagne, en Auvergne, nommée *Perier*, ne ceffa de faire
entendre un bruit femblable. Le haut
de cette montagne formoit une plâtrure
affez confidérable, fur laquelle s'étendoit un étang ou grande marre, dont
l'eau diminuoit en raifon de la commotion, commotion qui n'étoit jamais plus
vive que lors d'un plus grand épanchement d'eau; ce phénomène a ceffé par
la difparition entière de l'étang.

Une autre montagne volcanifée de
l'Auvergne, dont le fonds étoit un ancien crater, & qui dominoit un village,

nommé Saint-Sandoux, a donné lieu, pendant six ou sept mois, à un phéno-mène à-peu-près semblable à un bruit souterrein.

Il y a dans la Mer Baltique une isle formée de roches graniteuses, de l'inté-rieur de laquelle se faisoit entendre un bruit considérable. La mer s'étant éloi-gnée de quinze ou vingt toises, le bruit a cessé ; ce bruit semble n'avoir été oc-casionné que par l'eau de la mer qui se faisoit issue dans l'intérieur de l'isle pour former quelques lacs ».

Telles sont les observations de M. Ca-det-de-Vaux, confirmées encore par cel-les de M. Girard, Seigneur de Maison-Blanche, près de Plaisance, sur le che-min de Meaux, à quatre lieues & demie de Paris, au-delà de Vincennes ; on vit dans ce lieu se former une exca-vation d'une manière spontanée, de-vant la maison. Des bruits souterreins avoient précédé l'excavation de plu-sieurs jours ; le sol s'enfonça, il s'y forma un lac ; mais les eaux se perdirent quelque temps après.

CHAPITRE III.

Voyage à Ermenonville. Hommage aux mânes de J J. Rousseau. Vues du jardin. Solitude du Philosophe , aspects pittoresques , tombeau du Citoyen de Genève. Observations.

J'AI observé à Ermenonville une suite de faits , qui prouvent tout ce que j'ai dit jusqu'ici sur les grès : je les décrirai , lorsque j'aurai fait connoître ce que j'ai vu & senti dans ce lieu.

Dans toutes les contrées où les montagnes & les collines sont formées de grès , on trouve à-peu-près le même système. De grandes vallées plus ou moins larges sont creusées dans le vif de cette roche , & on observe à droite & à gauche , les restes latéraux de l'ancien plateau autrefois uni , & ne faisant qu'une seule & même masse.

A Ermenonville deux montagnes voisines offrent encore, dans la corres-

pondance des couches hétérogènes &
superposées, l'ancienne contiguité ; &
c'est entre ces deux roches longitudinales & latérales, qu'on trouve toutes
les merveilles d'un jardin enchanté que
le goût naturel de M. Girardin a em-
belli, & que le tombeau du Citoyen
de Genève rendra immortel.

Une vaste forêt offre les premiers
objets curieux qui semblent préparer
le voyageur à quelque chose de grand.
Mille sites différens varient les plaisirs
qu'on goûte aux divers aspects de cette
solitude. Il est des lieux déserts qui ins-
pirent à l'ame je ne sais quelle tristesse,
mais la forêt d'Ermenonville élève l'esprit & le porte à la réflexion.

Tantôt vous observez des familles
d'arbres majestueux s'élever avec la
colline, & tantôt ils semblent fuir &
se perdre au - delà d'une infinité de
troncs qui bornent la vue : les illusions
d'optique se multiplient en marchant
dans la forêt ; les yeux peu exercés sur
la mobilité comparée des troncs, trom-
pent l'ame à chaque pas, & lui pré-

fentent de faux objets relativement à
leur forme ; mais l'efprit veille conti-
nuellement à rectifier le fens trompé,
& dans peu de temps l'organe de la
vue fe plaît à la mobilité de tous les
troncs de la forêt.

De magnifiques avenues conduifent
dans un village où règne la fimplicité.
Tout-à-coup vous entrez dans une
grande vallée où mille objets divers
s'offrent à la vue : un ruiffeau limpide,
& des nappes d'eau ingénieufement
diftribuées, dans le bas-fond de la vallée, font les premiers objets qui fe préfentent. Des ifles peuplées de beaux
arbres forment vingt payfages différens,
réfléchis par le grand miroir d'une eau
limpide. Des prairies toujours riantes
& des gazons toujours frais environnent
la claire rivière, & mille petits oifeaux,
au vol hardi, au ramage tendre & tou-
chant, viennent s'y défaltérer & béc-
quetent la furface de l'eau.

Deux forêts ténébreufes s'élèvent de
cette douce prairie, & portent vers les
nues des rameaux que la feule nature

a cultivés ; un fentier fombre, étroit &
fouvent efcarpé vous conduit vers la
cafcade d'une onde claire ; on lit ces
vers :

Coulé, gentil ruiffeau,
Sous cet épais feuillage,
Ton bruit charme les fens, il attendrit le cœur.
Coule, gentil ruiffeau,
Car ton cours eft l'image
De celui d'un beau jour paffé dans le bonheur.

On fuit le fentier qui vous découvre
une pyramide confacrée à la gloire de
Virgile, Thompfon, Geffner, &c., &
on lit :

Genio P. Virgilii Maronis
Lapis ifte cum luco
Sacer efto.

Plus loin la nature a entrelacé deux
arbres, & on trouve à côté ces mots :

Omnia junxit amor.

Un temple conftruit à moitié s'élève vers
les hauteurs de la montagne, il eft
confacré à la Philofophie : des colonnes

en élèvent le dôme, & les noms de Newton, Defcartes, Voltaire, Penn, Montefquieu, Rouffeau le foutiennent. La porte vous offre cette infcription :

Rerum cognofceré caufas.

L'intérieur du temple eft orné de cette feule infcription :

> *Hoc templum inchoatum*
> *Philofophiæ nondum perfectæ*
> *Michaëli Montagne*
> *qui omnia dixit*
> *facrum efto.*

A côté fe trouve un humble hermitage, les meubles fimples d'un folitaire, les nattes de fon lit, fon prie-Dieu & fa Croix ; cet autre appareil de philofophie mérite les égards du voyageur.

On defcend de ces hauteurs : l'entrevue du tombeau, à travers des arbres touffus, infpire ici je ne fais quel fentiment d'admiration, on croit voir encore le folitaire qui s'eft éloigné de la capitale, qui a fui les honneurs, méprifé les richeffes & qui, rendu à la nature

&

& à sa contemplation, est mort en paix, loin du fracas de la capitale, écrivant ces paroles : *me voici donc seul sur la terre, n'ayant plus de frère, de prochain, d'ami & de société que moi-même !*

Un tombeau très-simple cache l'urne du Philosophe ; des eaux toujours profondes semblent en proscrire l'entrée aux mortels ; des peupliers majestueux l'environnent & en font l'ornement. On se croit transporté parmi les Anciens, & dans les terres des Grecs ou des Romains.

La compagnie paroît émue à l'aspect de ces objets touchants. Mlle. Fel qui rendit autrefois les sentimens & les graces du *Devin du Village*, & qui sut exprimer la simplicité champêtre de cette pastorale, sembloit rappeller aux mânes de Rousseau d'anciennes liaisons.

M. de la Tour, qui exprima jadis sur la toile, le caractère & les traits du Philosophe, & à qui le Public doit le portrait de ce grand homme, & celui des principaux personnages de ce siècle, parut

Tom. VI.   G

s'attendrir ; & le Marquis de Girardin appella encore son cher ami Rousseau.

Une épitaphe simple, gravée sur une pierre, appuyée sur un arbre, se présente à nos regards, & nous lisons :

Là, sous ces peupliers, dans ce simple tombeau
    Qu'entourent ces ondes paisibles,
Sont les restes mortels de Jean-Jacques Rousseau ;
    Mais c'est dans tous les cœurs sensibles
Que cet homme si bon, qui fut tout sentiment,
De son ame a fondé l'éternel monument.

Un petit bateau vous mène jusqu'au tombeau ; cette solitude, ce lieu isolé, ces peupliers, l'ensemble de l'isle ne pouvoient être plus analogues au goût du Citoyen de Geneve, & on lit ces paroles qui lui coûtèrent tant :

Vitam impendere vero.

On lit encore :

Ici repose l'homme de la nature & de la vérité.

Enfin six paroles vous disent dans cette isle plus que toutes les épitaphes :

Hic jacent ossa J. J. Rousseau.

Nous faluons les mânes du Citoyen de Geneve, & pénétrés de la vénération qu'infpire toujours un écrivain, ou un perfonnage célèbre, nous parcourrons d'autres objets.

De longs détours nous conduifent vers une retraite à jamais remarquable ; elle eft placée fur une roche toute nue, d'où les yeux découvrent le plus magnifique payfage. Une groffe pierre forme par fon avancement pittorefque un petit abri , & ce lieu fi étroit préfente une pierre où font écrits ces vers :

> Vois-tu , paffant , cette roche creufée ,
> Elle mérite ton refpect.
> Elle a fervi, toute brute qu'elle eft ,
> Pour abriter la vertu couronnée.

Arrêté par un orage, l'Empereur Jofeph II s'eft repofé fous cette agrefte retraite.

De petites ifles apperçues des hauteurs, femblent pulluler de tous côtés, & s'élever de l'immenfe nappe d'eau, du fond de la vallée : on obferve avec attendriffement l'ifle enchantée & dé-

licieuſe où Henri IV & la belle Gabrielle goûtoient paiſiblement les douceurs de l'amour ; on trouve ſur la
porte ces vers :

En cette cour droit de péage
La belle Gabrielle avoit.
C'eſt de tous temps qu'un François doit
A la beauté foi & hommage.

Deux mains droites unies annoncent
la bonne-foi réciproque, elles ſont
couronnées d'une fleur-de-lys ; à côté
ſe trouvent en forme de trophée le caſ-
que & les armes du brave Dominique
de Vic, dit *Sarrède*, l'ami de Henri IV,
& généreux Officier, qui le ſervit
ſi bien à la bataille d'Ivri, où il eut
la jambe coupée ; cette vieille armure,
placée ici comme l'hommage d'un
bon ſerviteur du Roi, ſemble dire au
Roi Henri : jouiſſez en cette iſle des
douceurs de la paix & de vos plaiſirs ;
mais voyez ce qu'ils coûtent à vos ſer-
viteurs. On y trouve en vers & en
lettres gothiques cette inſcription :

En ce bocage où ton laurier repoſe
Sur un joli myrthe d'amour

Ton fidèle sujet dépose
Ses armes à toy pour toujours,
Ah ! mon cher, mon bien-aimé maître,
J'ai déjà sous ton étendart
Perdu de mes membres le quart ;
Je voue ici mon restant être.
Que si d'un pied, marche trop lent, pour toi
Point me faudra meilleure aide,
Car pour combattre pour son Roi,
Amour fera voler *Sarrède.*

Tels sont les monumens qu'on trouve en France, à la mémoire des Rois vertueux ; celui-ci annonce & le génie courageux d'un bon François, & l'ami de Henri IV. Dominique de Vic, dit *Sarrède*, passant dans la rue de la Ferronnerie, où ce Monarque fut assassiné, fut saisi d'une telle horreur, qu'il mourut le surlendemain.

Des isles voisines nourrissent des brebis sans Pasteur : d'innocens agneaux errent paisiblement à leur gré, pour brouter de fines herbes ; c'est ici l'image de cet âge d'or, où les propriétés, conservées par la bonne-foi publique, ne connoissoient ni clefs, ni gardes.

De longs détours vous conduisent encore sur des hauteurs ; on vous dit que ces lieux furent le champ de bataille d'une de ces armées fanatiques qui s'égorgeoient & répandoient le sang humain pour le maintien de la Religion ; cette vue vous rappelle ces malheureux siècles qui flétriront à jamais les Nations de notre Ère ; on lit sur une pierre :

> *Hîc fuerunt inventa*
> *Plurima offa occiforum*
> *Quando fratres fratres ,*
> *Cives cives , trucidabant.*
> *Tantùm Religio potuit fuadere malorum !*

Tantùm Religio potuit fuadere malorum ! Non, la Religion n'a point inspiré ces homicides ; douce & pacifique, comme fon Auteur , elle n'a jamais persuadé que l'humilité & l'esprit de souffrance ; elle s'est réjouie dans le sein de la persécution. Ces guerres désolantes sont l'ouvrage de l'homme dans un âge de barbarie , & non point celui de la Religion.... Ses Miniſtres, ni les Souverains ne ſont point la Religion, & leur voix, quand elle fut ſangui-naire, ne fut jamais ſon organe.

Un pavillon du jardin a ſervi de retraite à Rouſſeau avant ſa mort. On eſt touché à la vue de la ſimplicité du logis que le Philoſophe a choiſi, re-fuſant les* commodes appartemens de M. de Girardin : cette humble retraite vous rappelle ces paroles de Rouſſeau :

« Tout eſt fini pour moi ſur la terre ; on ne peut plus m'y faire ni bien ni mal ; il ne me reſte plus rien à eſpérer, ni à craindre en ce monde, & m'y voilà tranquille au fond de l'abyme.

Tout ce qui m'eſt extérieur, m'eſt étranger déſormais ; je n'ai plus en ce monde ni prochain, ni ſemblables, ni frères. Je ſuis ſur la terre comme dans une planète étrangère, où je ſerois tombé de celles que j'habitois ; ſi je reconnois autour de moi quelque choſe, ce ne ſont que des objets affligeans & déchirans pour mon cœur, & je ne peux jeter les yeux ſur ce qui me touche &

G 4

m'entoure fans y trouver toujours quelque fujet de dédain qui m'indigne, ou de douleur qui m'afflige. Ecartons donc de mon efprit tous les pénibles objets dont je m'occuperois auffi douloureufement qu'inutilement; feul pour le refte de ma vie, puifque je ne trouve qu'en moi la confolation, l'efpérance & la paix; je ne dois ni ne veux plus m'occuper que de moi; c'eft dans cet état que je reprends la fuite de l'examen févère & fincère que j'appellai jadis *mes confeffions.* Je confacre mes derniers jours à m'étudier moi-même, & à préparer d'avance le compte que je ne tarderai pas à rendre de moi; livrons-nous tout entier à la douceur de converfer avec mon ame, puifqu'elle eft la feule que les hommes ne puiffent m'ôter; fi, à force de réfléchir fur mes difpofitions intérieures, je parviens à les mettre en meilleur ordre, & à corriger le mal qui peut y refter, mes méditations ne feront pas entièrement inutiles; & quoique je ne fois plus bon à rien fur la terre, je n'aurai pas tout-à-fait perdu mes derniers jours. Les loifirs de mes promenades journalières ont fouvent été remplis de contemplations charmantes, dont j'ai regret d'avoir perdu le fouvenir : je fixerai par l'écriture celles qui pourront me venir encore ; chaque fois que je les relirai m'en rendra la jouiffance ; j'oublierai mes malheurs, *mes perfécuteurs*, mes opprobres, en fongeant au prix qu'avoit mérité mon cœur ».

Voilà une fituation bien touchante & bien douloureufe ; mais ces fombres forêts que le Philofophe choififfoit de préférence, & dans lefquelles il fe plaifoit à s'enfoncer & à fe perdre, pouvoient encore enflammer fon imagination fi irafcible & fi fenfible.

Cette feule imagination fut cependant fon unique perfécuteur. Ses ouvrages lui occafionnèrent fans doute des chagrins ; mais encore fut-il l'ouvrier de fes propres infortunes ; éclairé autant qu'il l'étoit, il connoiffoit les opinions régnantes ; il voulut les braver, & en les frondant, il confentit d'avance à toutes les suites fâcheufes. Quand on croit les hommes méchans, on ne s'expofe pas aux coups de leur malice; ou quand on s'y expofe, & qu'on les a fubis, on ne fe plaint pas. De grands hommes dans ce fiècle ont dit de grandes vérités fans perféction : un homme de génie peut les expofer, fans toucher à d'autres vérités facrées. Le grand art de vivre confifte dans les manières; & Jean-Jacques Rouffeau ne voulut jamais s'y aftreindre; il traita avec les hommes, non comme ils font, mais comme ils doivent être.

Pardonnez, Ombre illuftre, à ces obfervations écrites à côté de votre tombeau; environné d'écueils, de périls & de dangers, plus timide que vous, aimant & refpectant ma Religion & la conftitution de ma patrie, je crois honorer vos mânes en écrivant que nos femblables méritent des égards, & qu'ils font nos frères.

S'il exifte dans l'état de nature une égalité de condition, l'homme en fociété a détruit cette égalité primitive;

il a établi des rangs & des puissances pour la tranquillité publique, & sous les auspices de cette paix universelle, l'homme civilisé a pu connoître & pratiquer la vertu.

Ainsi M. de Girardin a su réunir dans sa terre mille objets divers ; c'est une région où se trouvent toutes sortes de jouissances & de plaisirs nouveaux. Des personnes distinguées par leur goût, en ont déjà visité les beautés ; & M. le Duc de Nivernois les a chantées en ces termes :

Je ne traiterai plus de fables
Ce qu'on nous dit de ces beaux lieux
Où les mortels, devenus presque Dieux,
Goûtent sans fin, des douceurs inéfables.
De l'Elisée, où tout est volupté,
Je regardois le favorable asyle
Comme un beau règne à plaisir inventé ;
Mais je l'ai vu ce séjour enchanté :
Oui, je l'ai vu, je viens d'Ermenonville.

A Ermenonville, le 2 Octobre 1782.

CHAPITRE IV.

Observations de physique & d'Histoire naturelle faites à Ermenonville ; couches de roches de grès & de sable ; couches de pierre coquillière ; coquilles fossiles ; correspondance de ces observations à celles qu'on peut faire sur la montagne opposée. Ancienne contiguité des masses séparées par les eaux courantes.

L'INDULGENCE du lecteur pardonnera, je pense, à cette digression en faveur de J. J. Rousseau ; peut-on passer en ce lieu, sans dire ce qu'on a vu, & combien on a joui ?

2455. Une vallée, comme nous l'avons observé, renferme dans son sein tous les tableaux différens : elle est formée par l'élévation de deux collines latérales, autrefois réunies en un seul corps, avant que les eaux courantes fluviatiles les eussent séparées, en dé-

blayant le terrein, en creusant insensi-
blement la masse dont on ne peut
reconnoître qu'en esprit la primordiale
contiguité.

2456. La terre végétale couvre supé-
rieurement le terrein; au-dessous est une
pierre calcaire marneuse, avec des pétrifications, divisée horizontalement en
petites lamelles par le retrait des parties;
au-dessous est une petite couche de
sable avec les mêmes coquilles fossiles.

Sous ces couches, est un banc de grès
encore avec les mêmes coquilles fossiles.

Ce grès a pour fondement, du sable,
avec les mêmes coquilles.

Ce sable est porté par quelques couches calcaires.

Une grande couche coquillière, qui
forme la voûte de la grote, est dans
plusieurs endroits un véritable amas de
falun.

Cette couche est posée sur un sable
mêlé avec des coquilles.

Au-dessous est une couche de sable
ferrugineux, sans coquilles.

La dernière couche inférieure, connue

seulement de M. le Marquis de Girardin, qui l'a observé dans une excavation, est enfin un sable blanc avec des coquilles si friables qu'elles tombent en poussière.

2457. J'ai observé toutes ces coquilles & les couches hétérogènes dans une excavation faite pour creuser une grote; les lignes qui séparent les couches sont très-distinctes, & les lits superposés sont bien séparés. J'ai observé les coquilles suivantes :

1. Limaçons de mer à bouche ronde,

2. Cornets fort luisans & bien conservés,

3. Des cœurs,

4. Des nérites, ou limaçons de mer à bouches, à demi-rondes,

5. Des vis, dits *clocher chinois*, à plusieurs étages & à bouche recourbée, d'Argenville;

Des vis à un rang d'épines & au double rang de petits points, ou à double rang d'épines & à un seul rang de points, ou enfin à un rang de pointes très-aiguës & très-piquantes.

Toutes ces coquilles sont bien confervées dans le fable, dans le grès, dans les pierres coquillières & dans la couche fupérieure marneufe.

2458. Ces obfervations nous portent à penfer que l'eau fut le milieu dans lequel, & au fond duquel, toutes ces couches fe font formées; ainfi l'eau, qui entraîne le fable, qui dépofe une vafe calcaire & qui forme fucceffivement en ce lieu le fable, le grès, la pierre coquillière, la marne, eft toujours la même eau, on y voit par-tout les mêmes habitans.

Il fut donc une époque où la mer accumula dans ces bas-fonds les débris quartzeux des roches granitiques dont elle forma les grès ; & tandis que ce fable fous-marin étoit mêlangé avec fa vafe calcaire, débris des coquilles, & que les courans agitoient & mêlangeòient les molécules calcaires & les molécules quartzeufes, le dépôt des eaux fe formant, les molécules quartzeufes tombèrent au fond & formèrent ou du grès, ou du fable. La partie calcaire fut établie au-deffus ; mais elle ne put devenir le folide fondement de la roche de grès supérieure, que lorsqu'elle fut assez affaissée & comprimée par son propre poids ; alors sa densité fut assez considérable pour soutenir de nouveaux atterrissemens sabloneux ; & ainsi se superposèrent des sables, des roches coquillières, de grès & de coquilles, dans la même eau, & toujours avec les mêmes coquillages habitans.

2459. La mer ne forme point la vase quartzeuse : on peut dire seulement qu'elle élabore la vase calcaire, en employant le détriment de ses habitans crustacées & en le mélangeant avec le détriment des substances terrestres dont son bassin est pavé ; d'où résulte une pierre alkaline, connue sous le nom de roche coquillière ou calcinable.

A l'époque où les superpositions de la côte d'Ermenonville furent déposées sous les eaux & au fond du bassin de l'ancienne mer, il n'existoit d'ailleurs sur la terre que des montagnes primitives quartzeuses, puisqu'entre l'existence des montagnes granitiques, & celle des roches calcaires ou de grès,

on

on ne trouve aucune roche intermédiaire

Ainſi, s'il n'exiſtoit que des matières quartzeuſes à cette époque, il faut que les eaux qui ont tenu en diſſolution le ſable quartzeux de nos roches, l'aient détaché de nos montagnes granitiques, puiſque l'eau ne forme pas du quartz qui eſt la matière la plus ancienne du globe connu. Or comme les montagnes granitiques ſont compoſées principalement de quartz, de feld-ſpath & de mica, il faut que, dans la deſtruction lente de la vieille roche, l'eau maritime ait dépoſé ces matières hétérogènes ou ſeparément, ou enſemble. Or nous n'avons pas trouvé de débris micacés dans les roches de grès d'Ermenonville, il faut donc que ce nouveau genre de débris ait été dépoſé ailleurs, & c'eſt ce qui nous reſte à conſidérer dans la queſtion ſuivante qui forme une des plus belles portions de l'Hiſtoire naturelle minéralogique.

Fin de l'Hiſtoire naturelle des montagnes de grès.

Tom. VI.   H

LES
TROIS ÂGES
DES MONTAGNES
GRANITIQUES
PRIMITIVES.

LES
TROIS ÂGES
DES
MONTAGNES PRIMITIVES,

Depuis leur formation jusqu'à ce jour.

2460. JE me place en esprit à cette époque du monde où la nature n'avoit encore formé que les montagnes granitiques & primordiales, ou au moins reconnues jusqu'à ce jour, comme les plus anciennes.

Je recherche comment l'élément liquide, submergeant cette vieille roche du globe, la détruisit d'abord de tous côtés, en se balançant sur elle & en attaquant sa surface par mille courans divers.

H 3

J'examine les débris sabloneux du quartz qui formoit ce monde ancien & l'état ultérieur des molécules micacées qui entrent dans la composition du granit.

J'étudie comment, de ces débris de l'ancien monde, la mer universelle a formé, sous ses eaux, aux dépens de la matière granitique, les schistes & les bancs de grès, les roches coquillières marneuses, & sur-tout comment ce même granit, qui est la base de toute roche, a pu paroître posé en masses sur ces roches calcaires, sans perdre sa date primtiive dans l'ordre chronologique des formations.

J'examine comment l'élément liquide, ayant tenu en dissolution toutes ces roches secondaires, vrai produit des montagnes primitives, s'est abaissé de son ancien niveau ; comment les montagnes granitiques primordiales sont restées saillantes hors du sein des eaux ; & comment, abandonnées à l'action athmosphérique des autres élémens, l'action des eaux pluviales leur occasionne de nouvelles pertes d'un autre genre.

Tel eſt le ſommaire de ce nouveau genre de recherches. Si je parviens à mon but, j'aurai expliqué deux grandes énigmes en Hiſtoire naturelle, & fait connoître l'origine des ſchiſtes & des grès.

Je ne recherche donc point ici quelle eſt l'origine des montagnes granitiques, mais bien quelle fût leur deſtinée, après leur création, dans l'ordre des phénomènes du monde minéral. Je veux traiter la moitié de leur hiſtoire. Je date mes recherches du moment de leur exiſtence en-deçà, deſtinant pour d'autres occaſions l'hiſtoire primitive de ces montagnes.

PREMIER ÂGE

DES

MONTAGNES GRANITIQUES,

OU

Phénomènes du granit folitaire avec l'élément aqueux.

CHAPITRE I.

Le monde granitique, primitif & encore folitaire, confidéré dans fa forme géographique.

2461. Nous avons peu d'indice de la topographie primordiale du monde, avant l'exiftence des grès, des roches fchifteufes, des roches calcaires & de toutes les matières mouvantes & fecondaires qui enveloppent la terre.

Mais en appliquant à cette partie de la chronologie phyſique du monde, mon principe ſur les *contenans* & les *contenus*, & en obſervant ce qu'elles renferment d'hétérogène dans leur ſein & la manière dont elles le renferment, je penſe qu'il eſt poſſible de déterminer quelques formes ſur cet état primordial & quelques phénomènes ſubſéquens qui en dépendent, ſans rien haſarder d'arbitraire.

Cette vieille roche, ſi on la conſidère en parcourant les hauteurs granitiques, toutes nues, paroît être hériſſée de ſinuoſités & de fentes les plus profondes. Toutes ces crevaſſes ſeroient affreuſes & horribles aujourd'hui, ſi des matières ſécondaires hétérogènes ne les avoient comblées, elles ſeroient encore la terreur des hommes.

La forme de ces crevaſſes, qui déchirent la roche primitive du globe, eſt très-variée; non ſeulement elles ſont dirigées en ſens vertical ou incliné, mais on les voit circuler en zig-zag dans l'intérieur des roches, paroître &

disparoître à plusieurs lieues de distance.

2462. La matière qui remplit ces crevasses est une lave, ou une matière
calcaire, ou un déblais de granit, ou
une mine avec une gangue de quartz
cryſtallisé ; & ſi mon principe des *contenans*, exiſtans avant que les *contenus*
viennent s'y loger, eſt véritable, il
reſte prouvé que la vieille roche granitique du monde exiſtoit ainſi tortueuſe,
ſillonnée, perforée & toute criblée,
avant qu'aucune matière ſubalterne ſoit
venu remplir les vuides diſſéminés dans
ſa maſſe.

2463. Rien n'eſt plus intéreſſant que
les deſcriptions que nous font les Mi-
néralogiſtes de ces contrées. Il eſt de
grands ſillons métalliques propagés dans
la roche en ſens horizontal, & il en
eſt d'autres qui viennent couper à angle
droit cette direction ; en ſorte qu'il s'eſt
fait quelquefois des retraits, tantôt en
ſens vertical, ce qui a formé des filons
horizontaux, & quelquefois en ſens horizontal, d'où ſont provenus des filons
d'une direction contraire, & ainſi de

tous les autres sens possibles & imaginables.

2464. Mais quelle cause a donc produit ce désordre, à la surface & dans le sein de cette ancienne roche ? Quelle force a pu bouleverser ainsi le système réciproque de ses parties, la continuité de ses molécules constituantes, & soulever de la sorte des masses si énormes ? Ces phénomènes tiennent à diverses causes ; mais nous ne pouvons encore les déterminer, étant étrangères aux révolutions ultérieures du monde granitique, appartenant à d'autres époques.

Tel est l'état de l'ancienne roche granitique : nous voudrions pouvoir établir ici sa topographie universelle, & décrire les formes saillantes en grand sur la surface de la terre ; mais cet état tout criblé & tout bouleversé, nous empêche de rien hasarder, car il est possible que la force qui opéra ces désordres, ait occasionné des affaissemens dans toutes les parties du monde ; tout affaissement annonce des formes

saillantes, stationnaires, & les formes
saillantes sont peut-être ces chaînes de
montagnes granitiques qui ceignent le
globe & qui courent en tous sens dans
les quatre parties du monde.

Nous ne pouvons donc point dire
ici quel fut l'état du globe dans l'ancien
monde, mais nous pouvons assurer que
la vieille roche fut toute criblée &
perforée.

CHAPITRE II.

Le monde granitique, primitif, confidéré comme fubmergé par un océan univerfel.

2465. VOYEZ comment des effets il eſt permis de s'élever juſques aux cauſes, & comment les vérités que nous découvre cette méthode, font fufceptibles de démonſtration.

Quelles preuves avons-nous de l'expoſé du chapitre préſent ? Comment favons-nous qu'un océan univerfel a couvert le monde granitique ?

Des faits ultérieurs nous apprennent cette grande vérité : des pics très-élevés de nature calcaire, font ſtationnaires fur de hautes montagnes granitiques ; les fommets de la chaîne granitique des Cévènes font couverts de couches calcaires, & les hauteurs des Pyrénées & des Alpes nous offrent de part & d'autre les reſtes d'une pierre coquillière.

Il fut donc un âge, poftérieur à la formation du monde primitif granitique, pendant lequel, la mer, inondant les lieux ces plus élevés du globe, délaiffa fur ces hauteurs des couches calcaires, non en état de pic; mais bien en forme de couches, car la deftruction de ces couches, & leur changement en pic, font un travail ultérieur dont nous examinerons ci-après les accidens.

Une roche calcaire, dépofée d'abord en forme de vafe & de fédiment par l'ancienne mer, prouve donc que l'océan univerfel couvroit la furface de la terre, & cette vérité eft inconteftable.

Or quels phénomènes accompagnent cette inondation univerfelle & cette fubmerfion d'une roche de granit, compofée de mica, de feld-fpath, de quartz, qui en eft le gluten, &c.?

2466. Je me repréfente d'abord cette vafte mer éprouvant tous les balancemens de fes courans, détachant les molécules fuperficielles de la maffe, balayant toute particule mobile, la froiffant contre fa voifine, opérant fur

la surface du globe des frottemens uni-
versels , & imprimant à cette superficie
vaseuse , mouvante & corpusculaire, des
tranflations en tous sens possibles.

Tels à - peu - près les phénomènes
que préfentent nos grands fleuves, leurs
mouvemens directs , depuis leur source
jufques vers leur embouchure maritime,
imprime à un lit mobile, le mouvement
des eaux , corrode les cailloux roulés ,
détachés des montagnes , & forme du
gravier qu'il fubdivife encore en fablons,
en multipliant les frottemens , lefquels
fablons fe changent en vafé.

Tels encore les mouvemens fous-
marins du lit mobile qui gît au fond
de l'océan ; voyez comment ces mouvemens inteftins de l'eau agitée de courans,fait corroder les coquilles entr'elles,
émouffe leurs pointes & les atténue jufqu'à les brifer , & les réduire en molécules & en vafé.

2467. Voyez ces agitations internes
polir toutes les furfaces âpres & angu-
leufes des fablons, des pierres, & de
tout ce qu'on jette dans la mer.

Les courans de mer ont donc la propriété d'user les surfaces, comme les courans des fleuves & des rivières ; mais cette observation ne sauroit s'étendre jusques aux profondeurs, ni jusqu'à former des vallées, & à plus forte raison des vallées perpendiculaires: c'est ce que je vais observer dans un chapitre particulier.

CHAPITRE

CHAPITRE III.

Que l'ancienne mer n'a point formé des vallées par ses courans. Un courant de mer n'attaque qu'en superficiel, & non en profondeur. Direction convergente des vallées dans le rendez-vous des vallées au centre des bassins. Direction divergente des vallées sur le sommet des hautes montagnes. Impuissance des courans à former ces directions contradictoires dans l'économie des vallées.

2468. JE ne puis me représenter dans un courant sous-marin qu'une force superficielle que je conçois encore dans le vent qui agit sur la surface de la terre.

Un courant d'eau n'est que le passage de ce fluide, sur un solide fondamental ; or ce passage ne peut attaquer que la *superficie*, & non la *profondeur*.

Pour qu'un courant pût attaquer la profondeur, il faudroit, 1°. qu'il fût pé-

riodique ; 2°. qu'il fût local ; 3°. qu'il
ne déviât jamais ; 4°. qu'il eût toujours
absolument la même direction ; 5°. qu'il
existât un endroit plus bas pour qu'il y
versât la matière déblayée.

Or la physique des courans de mer
n'annonce point cette suite de phénomènes ; il existe sans doute des courans
périodiques, comme des vents périodiques ; mais ces courans ne produisent
jamais le même effet dans le même lieu,
comme le vent périodique le plus vio-
lent n'arrache pas à chaque retour, le
même arbre.

On n'observe point qu'un courant soit
assez local pour porter constamment
sa force contre la même ligne, & y
creuser une vallée ; nous voyons sur
toute la surface du globe, parmi cette
multitude de vallées qui le sillonnent,
deux grands phénomènes : la *divergence*
des vallées apperçues du sommet des
montagnes, & la *convergence* des vallées
apperçues inférieurement vers le centre
du bassin des fleuves où se rendent toutes
les eaux.

2469. En Vivarais, ce phénomène fingulier de géographie phyfique s'offre de tous côtés. La *divergence* fe trouve au fommet des monts Coiron, d'où partent un grand nombre de vallées qui s'étendent vers les quatre parties du monde, excepté vers l'occident; elles s'obfervent encore fur le mont Mezin, d'où les eaux découlent vers l'océan & la Méditerranée; elle eft frappante encore, cette divergence, fur les hauteurs du mont Tanargues, d'où découlent toutes les eaux, en tous les fens, dans plufieurs vallées, comme du centre vers la circonférence; j'ai montré ces apparences de géographie phyque, affez au long dans mon Tome I. (*voy.* 19, 70.)

La *convergence* des vallées fe trouve encore plufieurs fois dans le Vivarais; placez-vous vers le milieu du baffin de l'Ardèche, & voyez comment, vers ce fond de baffin, fe dirigent les vallées de Vals & Antraigues, de la Baftide & d'Afprejoc, de Montpezat, de Bur-zet, de Maires & de Jaujac, pour for-

I 2

mer un confluent général de toutes les eaux, & nourrir l'Ardèche.

Or je demande quelle direction connoît-on aux courans de mer pour produire ce double phénomène contradictoire de géographie physique ? Ne faudroit-il pas, pour l'expliquer, reconnoître des courans de mer dont la force fût *tantôt d'un centre vers la circonférence*, pour produire des vallées divergentes ; *& tantôt d'une circonférence vers un centre* pour creuser des vallées convergentes ? Et qui ne voit que les courans de mer, qui pourroient au plus creuser quelques sillons longitudinaux, n'ont point cette singularité dans leur direction, ni cette divergence, ni cette convergence qui annonce des forces contradictoires, dans un lieu de peu d'étendue ?

2470. Il résulte que des courans sous-marins n'ont jamais pu former le syftême des vallées qui sillonnent le globe dans un sens si admirable, & que les seules eaux courantes ont pu à la longue opérer ces phénomènes sur la superficie sèche du globe , comme je l'ai prouvé dans le corps de cet Ouvrage.

Nous fommes donc réduits à ne reconnoître que des courans directs dans l'onde maritime; & fi on vouloit encore débiliter ce grand phénomène du monde liquide, je préfenterois bientôt la direction naturelle des courans dirigés par le flux & reflux, & toujours uniformes ainfi que la caufe univerfelle qui les régit ; or , comme la direction des vallées prouve au contraire que des forces dirigées en fens contraire , les ont formées , il refte avéré que les courans du flux & reflux n'ont point fillonné le globe.

Je préfente tous ces faits, ces apparences externes de géographie phyfique du globe à tous les partifans des courans, & principalement à M. l'Abbé Roux , qui peut voir en grand , des hauteurs volcanifés du Coiron , la forme des vallées ; à M. Faujas de S. Fond ; à M. l'Abbé de Mortefagne , &c. &c. , & je les prie d'expliquer , dans leurs fyftêmes , cette férie de phénomènes.

I

Il s'agit ici d'un grand phénomène dont j'ai établi, j'ose le dire, l'universalité, & que je prouve à chaque pas que je fais dans nos Provinces, par de nouvelles observations locales.

Il reste certain, je pense, & incontestable que l'ancienne mer, qui a couvert le monde granitique, n'a pu, par ses courans primitifs, creuser des vallées ; ses opérations ont été bornées à celles ci :

Attaquer la *surface*, & non la *profondeur* de la roche granitique ; pulvériser ses élémens les plus mobiles ; détacher des molécules toujours superficielles de la roche ; les remuer, les agiter, les transporter en mille sens divers, les tenir en dissolution, selon leurs degrés respectifs de densité, préparer des roches secondaires, dont la matière constituante fût le déblais des montagnes primitives, ce qui forme le second âge des matières granitiques.

2471. Dans une autre partie nous prouverons que les courans de mer locaux & subalternes, au lieu de creuser le globe en vallées & en profondeur, font occafionnés eux-mêmes par les ifles & les inégalités fous-marines, ce qui montrera que ces courans, au lieu d'être des *caufes*, font des *effets* très-fubalternes & très-dépendans d'une forme fous-marine déjà exiftante.

SECOND ÂGE

DES

MONTAGNES GRANITIQUES,

OU

Effets naturels du granit solitaire &
de l'élément aqueux, & première
production des schistes, des grès &
des matières calcaires.

CHAPITRE I.

Destruction & dépôt des montagnes gra-
niques primitives.

2472. JUSQU'A ce moment je n'ai
trouvé dans l'histoire de la nature que
des matières granitiques solitaires.

Mais lorsque l'élément liquide eut
attaqué cette vieille roche, lorsqu'elle
en eut détaché, à la longue, des amas

confidérables de déblais provenus de cette deftruction , alors cette matière pulvérifée forma des fubftances d'un autre ordre.

Le *quartz* & le *mica* dominent dans la roche granitique primitive & atta-quée. Le *quartz* eft plus pefant , moins deftructible ; fes molécules fe changent en petits fablons toujours plus pefans que l'eau.

Le *mica*, plus divifible, eft fufceptible d'être pulvérifé avec moins d'efforts ; l'eau le diffout en l'agitant : alors fes mo-lécules entrent dans une forte de diffo-lution ; & on voit , après les grandes averfes , le *mica*, féparé du granit, réduit en molécules, qui furnagent dans l'eau.

Les corpufcules délayés vous offrent dans cette partie du granit , décom-pofé une matière très-divifible dont les élémens changent de place refpec-tivement , & reprennent , après l'éva-poration du fluide qui les délayoit, leur enfemble primitif.

J'ai vu, après des averfes majeures , à l'Argentière, les eaux de la Ligne, entraîner deux sortes de matière, le sable & la boue.

Ce sable n'étoit rien autre chose que des grains de quartz antérieurement pulvérisés par les eaux.

Et cette boue n'étoit qu'une poussière de mica argilleux, détaché, délayé & emporté par les mêmes eaux toutes rouges & troubles.

Voilà en petit l'image des opérations plus considérables de la mer universelle, & un diminutif de ses destructions ; elle attaqua, par ses courans, la surface de la roche ; elle déposa les molécules quartzeuses dans les lieux moins élevés, & les molécules micacées formèrent ailleurs d'autres matières : c'est ce qui reste à expliquer dans deux chapitres qui suivent.

CHAPITRE II.

Formation des Montagnes schisteuses primitives.

2473. LES montagnes micacées, ces montagnes singulières, qu'on trouve toujours à côté des primitives, abondent en mica argileux; le quartz s'y trouve souvent en noyaux & en filons : elles renferment même souvent des mines avec des gangues de quartz; on y trouve des capitaux de quartz coupés, insérés dans la roche vive micacée; on y voit des grenats détachés d'une gangue, des noyaux de granit; ce qui me prouve visiblement qu'elles ont été formées aux dépens de la grande roche composée de mica.

Ainsi lorsque les courans agitant sans cesse la vase de la mer quartzeuse & micacée, eurent entraîné au loin, dans les bas-fonds, les molécules plus solides de sable, & lorsque ces mêmes courans, détachant sans cesse de nou-

velles parcelles de mica, eurent tellement divisé cette partie de la roche, &
que l'élément fut surchargé d'une trop
grande quantité de matière micacée;
alors, semblables à nos rivières, après
les grands débordemens, les eaux dépo-
sèrent cette vase boueuse, par une précipitation naturelle des molécules & de
la même manière que l'eau fluviatile, à
force de recevoir des montagnes, des
détrimens micacés, dépose dans les plaines, sur un lit de sablon inférieur & plus
pesant, cet amas, cette dissolution micacée de nos montagnes.

Ainsi nos montagnes récupérèrent
en partie, par le dépôt des eaux, ce
que leurs courans leur avoient enlevé;
une couche de mica les couvrit, & les
schistes accompagnèrent les granits dont
ils tiroient leur origine & leur matière
première.

Plus on observera les montagnes schisteuses, & plus on reconnoîtra les phénomènes qui ont accompagné cette ré-
volution, on avouera qu'elles n'ont que
des crystallisations secondaires, & que

leur fyftême, comparé à celui de la roche granitique, eft un fyftême fubalterne, dépendant abfolument des mouvémens de l'océan univerfel qui détacha par corrofion des montagnes primitives, qui les foutint en diffolution, qui les dépofa.

Nous voyons plufieurs fois tous les ans les mêmes phénomènes fe répéter en petit à l'Argentière, par la feule action des eaux d'un fimple ruiffeau, mais fur-tout à l'époque de la fonte des neiges & des glaces qui ont attaqué d'une manière plus énergique la furface des montagnes primitives du côté de Prunet, &c. &c.

CHAPITRE III.

Dépôt des Montagnes de grès.

2474. MAIS tandis que les eaux déposoient leurs matières pulvérisées, délayées & diffoutes, les courans rempliffoient les bas-fonds de matières fabloneufes & d'atterriffemens. Alors fe formèrent ces vaftes carrières de grès, foit à gros foit à petit grain.

Les grès à gros grains dans lefquels on trouve encore les faces du quartz, furent détachés de la vieille roche granitique ; mais ils furent réunis en carrières, ils furent enfouis par d'autres atterriffemens fabloneux fupérieurs, avant qu'ils euffent été affez atténués pour former une roche de grès à grain fin.

Les phénomènes que préfentent ces grès groffiers, dont la pétrification fut opérée dans trop peu de temps, font de perdre leur cohéfion aifément. Les parties groffières de ce grès n'étant ni en proportion, ni en équilibre avec les mo-

lécules quartzeufes intermédiaires, perdent leur adhérence réciproque par le
moindre effort, & nous en avons vu
le pulvérifer. (*589, Tome I.*)

D'autres donnent encore paffage à
l'eau à travers leurs molécules.

Mais les grès parfaits, ceux qui ont
le temps, 1°. d'être bien atténués par
les courans dans leurs molécules élémentaires, 2°. d'être pofés tranquille-
ment dans un bas-fond, ces grès font
très-folides, très-compactes, un peu
tranfparens, s'ils ne font pas trop épais ;
& la réunion de ces phénomènes annonce alors la plus parfaite cryftallifation dont les grès foient fufceptibles.

CHAPITRE IV.

*Premiers monumens du monde organisé.
De la matière calcaire. Elle est formée par voie aqueuse, en forme de
dépôt, dans le fond du bassin de la
mer.*

2475. JUSQU'ICI tout étoit mort, tout
étoit minéral dans la nature ; mais quand
ces phénomènes eurent préparé la terre
& les élémens, à recevoir dans son sein,
& dans l'onde, les êtres organisés ; quand
les eaux de la mer eurent produit les familles de crustacées dont il ne reste aucun
descendant dans les mers du voisinage ;
toute la vase maritime composée de matière granitique, quartzeuse, micacée,
mélangée avec les débris des coquilles
de tous les animaux marins, reçut une
qualité alkaline, qui de vitrifiable, la
changea en calcinable ; & comme c'est
le propre des matières minérales ou
terrestres de fondre, & des animales &
végétales

végétales de se volatiliser ou de se calciner, ne laissant qu'une poussière ou une cendre sans liaison dans ses parties ; ce mélange du minéral primitif avec l'organisé secondaire, produisit une nouvelle substance qui forma les matières calcaires & toutes les carrières coquillières qui sont disposées en couches sur la surface du globe : alors parurent sur les schistes & sur les grès primitifs ces dépôts calcaires, & la mer universelle dominoit encore, puisqu'on les voit sur de hauts sommets tous isolés & en forme de couches, & par conséquent avant le changement des couches en pics, & avant le changement de fonds du bassin de mer en sommet de haute montagne, comme on le voit aujourd'hui.

Si on doutoit de l'origine des roches coquillières, on peut considérer au bord de la mer, dans le diocèse d'Agde, comment la mer fait mêlanger les débris de ses coquilles avec les sables quartzeux entraînés par le Rhône dans la mer : c'est l'image en petit, que la

Tom. VI.   K

mer conferve, de fes anciennes opérations.

2475. Jufqu'à la préfente époque je ne
vois donc qu'une fuite de phénomènes
peu nombreux & peu variés; je ne vois
qu'une roche granitique antérieure qui
eft le fondement de toutes chofes, &
aux dépens de laquelle toutes matières
calcaires fecondaires ont été formées
par leur mêlange avec les débris des
êtres organifés. (*Voyez tome V, Hift.
nat. de Montpellier, §. 2098 & fuiv.
page 45 & fuiv.*

Sur cette roche je vois rejeter dans
de vaftes contrées, les fables quartzeux,
déblais plus maffifs du granit, & je
vois l'élément liquide dépofer fur le
tout, la matière micacée plus légère.
Les êtres organifés s'emparent de l'empire de la mer, une fucceffion de temps,
néceffaire à l'ouvrage, unit intimement
les débris des animaux aux débris mi-
néraux, il fe forma une fubftance intermédiaire calcaire ou coquillière, &
les couches horizontales calcaires dépofées fur les hauteurs de l'Olympe,

des monts Crapaks, des Cévennes, des Pyrénées, des Alpes, des Appennis, de l'Allemagne, &c. &c. annoncent cette succession.

Sur tous ces sommets, les couches calcaires supérieures & superposées sont coupées à pic du côté de la pente de la montagne qui les soutient. Il est avéré qu'il manque tout le terrein qui soutenoit la couche entière, comme il manque un soutien aux couches de Mesnil-Montant & de Montmartre du côté de Paris; car la nature n'a pas formé des pics & des pointes en créant les montagnes. Quelle force a donc enlevé le terrein au-dessous des couches?

2476. Deux phénomènes seulement peuvent avoir déterminé ces formes luneufes : ou l'élévation des pics en l'air comme des champignons, ou l'abaissement du sol intermédiaire & voisin.

Or comme nous ne connoissons pas une force dans la nature qui soulève de la sorte les chaînes de montagnes ni les pics, comme nous savons au contraire que la terre souterreine est pleine

K 2

de vides & d'infractuofités, il refte prouvé que dans les deux feules caufes qui peuvent rendre les pics & les montagnes failliantes, la feule chûte du fol intermédiaire a pu en s'affaiffant laiffer les pics plus folides ftationnaires, pour annoncer l'ancien niveau de l'océan univerfel.

2477. Les affaiffemens s'opèrent encore de nos jours en petit, malgré la confolidation du globe, & ils ont dû s'opérer en grand lorfque la terre encore molle, encore peu folide dans fes parties, encore peu compacte dans fon état de nouveauté, permettoit à la pefanteur de fes parties de vaincre leur adhérence réciproque.

2478. Ainfi c'eft au plus grand affaiffement que nous devons l'émerfion du folide hors du liquide, & la formation du baffin de l'océan univerfel, à-peu-près dans fa forme moderne, & c'eft à des affaiffemens fubalternes que nous devons une infinité de chûtes d'où font provenus & nos étangs & nos lacs, que les eaux foit maritimes, foit athmofphériques, ont

remplis, que la nature a peuplés de poif-
fons, & que les influences des aftres
& de l'athmofphère ont agités de tous
les courans connus ; mais on voit que
les affaiffemens ne font que des effets
très-fubalternes & très-ifolés de la furface de la terre, comme je le prouverai dans l'article des lacs que nous offre
la furface du globe, en donnant la théorie des affaiffemens foit généraux, foit
partiels.

2479. Avant de finir cechapitre, je dois
cependant faire ici une obfervation bien
digne de remarque & de réflexion. Le
monde granitique fut la bafe & l'origine de tout. Son âge primitif & antérieur à tout, eft prouvé. Son réfultat
en roche coquillière, par l'atténuation
de fes parties & par le mêlange des débris de la matière organifée, eft encore
prouvé par le fait apperçu fur les bords
de la Méditerranée. Son changement
en fchiftes & en grès eft prouvé par le
fait, & confirmé tous les ans par des
phénomènes qui montrent la deftruction de fes parties par l'eau pluviale,

K 3

la dépofition du fablon quartzeux fur les bords des rivières & dans le fond du lit, & du mica au-deffus.

Il eft poffible qu'à l'époque où cette ancienne mer opéra ces deftructions fur la roche vive granitique, elle fut peuplée d'êtres organifés. Alors la mer ne pouvoit les loger dans le granit fondamental. Ainfi fans affurer que la mort régnoit abfolument fur la terre, à cette circonftance, j'ai placé l'époque de la vie dans la formation des premières & des plus anciennes carrières qui offrent des détrimens d'êtres organifés

TROISIÈME ÂGE

DES

MONTAGNES GRANITIQUES,

OU

Leur station hors du sein des eaux maritimes, & leur destruction journalière par l'action des eaux courantes.

CHAPITRE V.

Dans les époques précédentes l'eau maritime attaquoit les montagnes granitiques submergées : dans celle-ci, sorties du sein des eaux, elles sont en proie à l'action des eaux athmosphériques.

2480. APRÈS l'émersion des roches saillantes, des pics isolés, des chaînes de montagnes, hors de l'océan universel ; émersion occasionnée par l'a-

K 4

baiffement des terreins intermédiaires,
par la defcente néceffaire des eaux
maritimes de leur ancien niveau fupérieur, par l'infiltration de ces eaux dans
les vides fouterreins que ce phénomène
ouvrit; l'eau pluviale, la chaleur athmofphérique, l'influence folaire, l'afpect de cet aftre du jour, nourrirent
les premières plantes qui occupèrent
incontinent la furface deffééhée du
globe; l'air & la terre furent peuplés de volatiles, de reptiles & de
quadrupèdes; & l'homme, le roi de
la terre, l'image de l'Eternel, fupérieur à tous les animaux par l'adreffe
de fon corps, les forces & l'élévation de fon ame, commanda & régna
fur la terre.

2481. La furface du globe toute nue,
formée par fédimens fous les eaux, fut
abandonnée dès-lors à l'action des eaux
courantes, & les eaux pluviales fuc-
cédant aux eaux maritimes, attaquèrent
la croûte du globe dans un autre
fens.

Ainfi jufqu'à la préfente époque,

on ne trouve fur la terre que des *opé-rations* , mais depuis cette circonf-tance en-deçà , nous trouverons princi-palement des *deftruétions*.

Ainfi les eaux fluviatiles détruiront ce que l'océan univerfel avoit formé : & maniant en mille manières & en mille fens divers les produétions pri-mitives, détruites & corrodées par les courans riverains , elles les dépoferont dans tous les bas-fonds, pour en for-mer des couches de roche ultérieure & fubalterne. De là les fchiftes her-borifés , les granits fecondaires , les granits calcaires, les granits poudin-gues , &c.

Ainfi le règne des eaux fluviatiles fuccédera au règne des eaux mariti-mes univerfelles. Nous allons donc parcourir ces terreins formés ultérieu-rement en France par tous les dépôts fluviatiles.

CHAPITRE VI.

Formations des schistes secondaires.
Schistes herborisés.

2482. Lorsque la végétation se fut emparée de la partie sèche du globe, lorsqu'une longue succession de générations végétales eut déposé sur les terres nouvelles, un amas suffisant de décompositions d'êtres organisés, les détrimens fluviatiles du continent n'étant pas arrêtés par les vallées qui n'existoient point encore, formèrent dans les bas-fonds, vers les approches de la mer, & jusques dans le sein de la mer, ces longues traînées de couches de schiste avec empreintes de plantes.

Je me représente donc un continent dont les élévations ne sont point encore sculptées en vallées, en sillons, comme attaqué par de grandes inondations qui ravagent cette nouvelle

superficie du globe ; l'homme alors
n'avoit pas dirigé le cours des eaux,
& la terre toute brute, diffoute
en divers endroits, étoit compofée de
dépôts du règne micacé, fchifteux &
du règne fabloneux, formés par l'océan
primitif.

Tout cet amas de matières mobiles
fut donc manié aifément d'une autre
manière, & les eaux pluviales, fans
jamais revenir en arrière, les précipitant toujours d'un lieu plus élevé vers
un lieu plus bas, en rempliffant les
bas-fonds.

Telles ces carrières magnifiques de
fchiftes d'Angers, dont nous couvrons
nos toîts, matière fufible, dont le
mica eft la bafe, & dont le débris des
matières organifées eft le fondant. Les
eaux courantes continentales ont dépofé fur un fol fertile & peuplé de
plantes ce vafte dépôt boueux, détriment des roches micacées fupérieures.

2483. Telles les carrières herborifées
de Saint-Jean de Valerifque, entre-
lacées de dépôts quartzeux.

Telles les roches qui vont par couches & par bandes dans toutes les baffes avenues, où les fchiftes fecondaires & les grès à gros grains fecondaires font dépofés auffi par bancs.

2484. Toutes ces formes en couches, ces fuperpofitions, ces déblais d'un monde primitif granitique & fchifteux, les mélanges de ces matières ultérieures annoncent que toutes ces roches ont été formées par les dépôts des premiers fleuves; ces fleuves n'étoient point arrêtés encore dans les encaîffemens des vallées, ils les ont donc délaiffés ou dans des bas-fonds du continent, ou dans les bords du baffin des mers, comme les atterriffemens des fleuves modernes.

2485. Les débris du granit des hauteurs de Saint-Bonnet dans le Haut-Vivarais, ont formé auffi avant l'excavation des vallées, la fuperpofition d'une roche de granit fur des roches micacées inférieures. Ici une cryftallifation quartzeufe a uni les deux roches hétérogènes; la roche micacée fchifteufe inférieure exiſtoit antérieurement ; la roche granitique ſupérieure, débris des hautes montagnes , s'eſt placée ſur celle-ci , quoiqu'elle ait été formée auparavant dans ſon lieu originaire : ainſi , il faut diſtinguer dans cette roche granitique , 1°. ſon exiſtence dans ſa chaîne primitive ; 2°. ſa tranſlation ultérieure par les courans, ſur la roche ſchiſteuſe des bas-fonds.

Voyez Tome 3 , de 1339 à 1363.

CHAPITRE VII.

Formation des granits secondaires. Ob-
servations sur l'essence du granit pri-
mitif : parties essentielles & parties ac-
cidentelles : les essentielles appartien-
nent au granit primitif : les acci-
dentelles au granit secondaire. Dans
les essentielles , le quartz est CONTE-
NANT *; dans les accidentelles , le*
quartz est CONTENU. *Roche de vrai*
granit secondaire au mont Bederet.
Résultats.

2486. LES mêmes phénomènes , les
mêmes forces , les mêmes dépôts , le
même ouvrage fluviatile ont déposé
également les granits secondaires, &
les grès à gros & petits grains, mélangés
avec les schistes herborisés.

Quand j'ai écrit sur les montagnes
granitiques du Vivarais, je n'ai pas
cru devoir faire précéder un Traité
de principes d'histoire naturelle. J'ai

cru qu'en parlant des granits je ferois entendu, & que je ferois entendu auffi en parlant des granits fecondaires. *Voyez cependant Tome I, §. 545, page 455.*

Une explication ultérieure fur ce fujet devient néceffaire depuis que des Voyageurs, dont je refpecte la perfonne & les lumières, ont examiné mes obfervations fur les fuperpofitions des granits fecondaires fur des matières calcaires, & *viciffim*, je vais donc expofer ce que j'entends par l'effence du granit; je vais examiner fa différence d'un autre genre de pierre, fes efpèces, &c.

OBSERVATIONS SUR LES PARTIES CONSTITUANTES DU GRANIT.

2487. Le granit eft une roche compofée; le quartz en eft la bafe; le feldfpath, le mica font fes principales parties : il renferme fouvent de choerl, des fubftances pyriteufes, arfenicales, fulfureufes, cuivreufes, ferrugineufes, &c.

2488. La plupart de ces matières font accidentelles au granit ; on connoît des granits fans toutes ces parties.

2489. Mais il eſt des parties intégrantes & eſſentielles qui aſſurent à cette roche la nature granitique & la diſtinguent de toute autre.

2490. Pour former un granit , il faut deux choſes qui concernent la forme & la matière.

2491. Quant *à la matière*, les parties intégrantes & eſſentielles du granit font, 1°. le quartz , 2°. une de ces deux ſubſtances, le feld-ſpath & le mica.

2492. Quant *à la forme* de ces parties conſtituantes, il faut que le quartz foit en état de cryſtalliſation.

2493. Or le quartz ſe cryſtalliſe en divers ſens ; je diſtingue, 1°. la *cryſtalliſation primitive*, telle que celle du cryſtal de roche, 2°. *la cryſtalliſation ſecondaire* qui eſt l'adhérence de pluſieurs parties hétérogènes par un ciment quartzeux ; telle eſt l'adhérence des granits ſecondaires des environs de l'Argentière.

2494.

2494. Mais j'entends par cryſtalliſa-tion vraiment granitique, la première ſorte qui ſeule ſe trouve dans les vrais granits.

2495. Le granit eſt ainſi, à mon avis, une roche de quartz cryſtalliſé, conte-nant néceſſairement du mica ou du feld-ſpath, & accidentellement diverſes autres ſubſtances, telles que le choerl.

2496. Or ſi ces notions du granit ne ſont point véritables & juſtes, il arrivera qu'il faudra donner d'autres noms que celui du granit aux pierres d'une ro-che qui eſt ſans mica, ou ſans choerl, ou ſans feld-ſpath ; on donne cependant à Paris le nom de granit, à pluſieurs pierres qui manquent abſolument d'une de ces ſubſtances. Il faut donc qu'il y ait dans cette roche des parties eſſen-tielles pour en juger, quant à la ma-tière & quant à la forme.

2497. D'après ces notions que je me ſuis faites du granit, il conſte que j'ai dû appeller granit ſecondaire une roche à grains de quartz, qui n'eſt pas cryſtal-liſé de la première manière. Voyez

Tom. VI.   L

tome I, chap. VI, pag. 451 ; & s. 532 ;
& comme ce granit secondaire est un
dépôt formé par les eaux aux dépens
des plus hautes montagnes granitiques
du continent, il a dû être posé par les
mêmes eaux sur des masses calcaires
existantes antérieurement au-dessous,
comme je l'ai vu en Vivarais.

2498. La montagne de Bederet, très-
rapide, située en forme de chaîne, relativement à ses voisines, avoisine, à
droite une chaîne granitique ou quartzeuse ; elle domine à gauche sur de
petites colines calcaires, elle est ainsi
disposée de manière qu'elle forme la
séparation du département granitique
de celui calcaire ; à droite elle est arro-
sée par la rivière de Ligne ; à gauche
par un ruisseau qui n'a pas de nom ;
toutes ces formes sont très-bien expri-
mées dans les Cartes de l'Académie ;
c'est là la véritable Géographie physique
de cette montagne ; voici la nature de
ses parties, & l'état de superposition de
ses couches hétérogènes.

2499. En parcourant la nouvelle

route tracée dans la montagne même
qui a été coupée verticalement pour y
placer un chemin avec une adreſſe inconcevable, on a mis à decouvert les
couches ſuperpoſées de la montagne;
j'ai vu divers lits de pierres calcaires qui
dans pluſieurs endroits devient ou pulvérulente, ou fangeuſe comme l'argile,
la partie de la montagne coupée à pic,
dévoile ainſi ſes flancs, ſa baſe eſt calcaire; on ne peut monter ſur le haut
de ce côté; mais en détournant, on
parvient à mi-côte, où l'on trouve de
nouveaux objets.

2500. Ici la roche, poſée ſur les couches calcaires, ne fait plus efferveſcence
avec les acides; elle eſt compoſée ſur-
tout de gros grains de quartz.

Enfin domine ſur le haut de la montagne une roche quartzeuſe, un granit
ſecondaire: j'y ai vu, en quelques endroits, du mica en petite quantité; la
roche eſt poſée ſur-tout ſur les couches
calcaires qui font le fondement de la
montagne,

2501. Mais j'obſerve que, quand il

L 2

feroit vrai que cette roche fuperpofée aux couches calcaires, feroit inconteftablement un vrai grès, l'obfervation ne feroit pas moins intéreffante & neuve, aucune des théories propofées jufqu'à ce jour n'eft capable de l'expliquer.

2502. Que cette roche foit un granit fecondaire, qu'elle foit d'un véritable grès, elle eft immenfe, elle forme un plateau fupérieur de montagne, elle gît fur des couches calcaires; or jufqu'à ce jours les naturaliftes obfervateurs n'ont trouvé les grès qu'au-deffous des roches calcaires.

2503. Dans la fuppofition que les hautes roches, que j'ai décrites & obfervées au Bederet en Vivarais, fuffent dés grès, leur pofition réciproque, relative à celle de la pierre calcaire, feroit abfolument contraire à toutes celles qu'on connoît, & ce phénomène vraiment intéreffant eft inexplicable dans toutes les théories.

2504. Il réfulte, de ces explications & de ces vérités,

1o. La cryſtalliſation du premier genre appartient à la formation primordiale des granits, lors même que la nature forma cette roche antique ; la plus vieille de toutes que j'ai appellé granit primitif, *tome I*, ſ. 543 ; ici le quartz eſt *contenant*, relativement aux autres parties de la roche qu'il aglutine.

2o. La cryſtalliſation du ſecond genre a formé les granits ſecondaires, puiſque le quartz, au lieu d'envelopper & de contenir, eſt lui-même *contenu*.

3o. Tous ces granits ſecondaires, granulés, calcaires, font donc un débris des granits primitifs ; de même que ces granits que M. Guettard a montrés dans ſes Cartes ſur des ſchiſtes, & ces granits & ces ſchiſtes, en couches alternatives entre-mêlées, obſervées ſur les Pyrénées, de même que les ſchiſtes & granits du nord, qui ont occaſionné le ſyſtême qu'expoſe M. Delius à leur ſujet. Voyez tome I, ſ. 504, & 474, &c. &c.

L 3

RÉCAPITULATION des phénomènes du monde granitique, depuis l'existence de cette matière jusqu'à ce jour.

2505. Par toutes les observations précédentes, il est établi que les phénomènes arrivés dans le monde granitique, se sont passés dans l'ordre chronologique qui suit :

La nature a formé le monde granitique avant toutes autres roches ; le quartz & le mica composoient cette roche.

Une mer universelle l'a couverte, ses courans l'ont attaqué à la longue, & formé de vastes débris de mica & de quartz.

L'eau a dissous le mica.

Le quartz plus pesant est resté sabloneux.

Le sablon s'est porté dans les basfonds, formant les grès à gros & à petits grains.

L'eau a déposé ses mica dont a été formée la roche de schiste primitif.

Les êtres organisés ayant dénaturé

1º. La cryftallifation du premier genre appartient à la formation primordiale des granits, lors même que la nature forma cette roche antique; la plus vieille de toutes que j'ai appellé granit primitif, *tome I*, §. 543; ici le quartz eft *contenant*, relativement aux autres parties de la roche qu'il aglutine.

2º. La cryftallifation du fecond genre a formé les granits fecondaires, puifque le quartz, au lieu d'envelopper & de contenir, eft lui-même *contenu*.

3º. Tous ces granits fecondaires, granulés, calcaires, font donc un débris des granits primitifs; de même que ces granits que M. Guettard a montrés dans fes Cartes fur des fchiftes, & ces granits & ces fchiftes, en couches alternatives entre-mêlées, obfervées fur les Pyrénées, de même que les fchiftes & granits du nord, qui ont occafionné le fyftême qu'expofe M. Delius à leur fujet. Voyez tome I, §. 504, & 474, &c. &c.

RÉCAPITULATION des phénomènes du monde granitique, depuis l'exiſtence de cette matière juſqu'à ce jour.

2505. Par toutes les obſervations précédentes, il eſt établi que les phénomènes arrivés dans le monde granitique, ſe ſont paſſés dans l'ordre chronologique qui ſuit :

La nature a formé le monde granitique avant toutes autres roches ; le quartz & le mica compoſoient cette roche.

Une mer univerſelle l'a couverte, ſes courans l'ont attaqué à la longue, & formé de vaſtes débris de mica & de quartz.

L'eau a diſſous le mica.

Le quartz plus peſant eſt reſté ſabloneux.

Le ſablon s'eſt porté dans les bas-fonds, formant les grès à gros & à petits grains.

L'eau a dépoſé ſes mica dont a été formée la roche de ſchiſte primitif.

Les êtres organiſés ayant dénaturé

la superficie de cette vase par le mêlange de leurs débris au débris du monde minéral, ont formé une roche alkaline animale & coquillière, comme il se forme dans la Méditerranée des pierres calcaires du débris des coquilles & des aterrissemens quartzeux du Rhône; & le monde granitique primitif, s'est vu transmué, par le temps & par les eaux, en roches schisteuses, en grès & en pierres coquillières.

Ces trois matières ont été superposées mutuellement par l'océan universel.

Il s'est fait une émersion du continent hors du sein des eaux.

Les loix connues de la gravité persuadent que le bassin de l'océan actuel s'est enfoncé.

Les roches calcaires schisteuses, & de grès autrefois dans la mer, sont devenues stationnaires au-dessus du sein des eaux.

Le fond de mer est devenu continent

La végétation s'est emparé du continent.

Les eaux pluviales attaquant ce continent tout frais, & récemment forti du fein des eaux, en ont déblayé les matières mobiles avant l'exiftence des vallées.

Les roches de fchifte herborifé, &c. ont été formées fous les eaux maritimes & dans les fonds des continens.

Pour fuivre donc l'ordre chronologique des faits fubféquens, il refte à obferver la marche des eaux courantes fluviatiles, fur la fuperficie sèche du continent, les progrès de la fculpture du globe, de la direction des vallées & des montagnes. C'eft ce que nous examinerons dans la partie qui fuit.

Mais il refte prouvé que le granit primitif a fourni, par fon mica, à la formation des roches fchifteufes, par fon fablon quartzeux, aux roches de grès; & par le tout, aux roches alkalines coquillières, mélange du débris des animaux marins.

*Récapitulation des preuves de la Chrono-
logie.*

2506. Après avoir établi la récapitulation des faits, il reste à établir celle
de leurs preuves;

1º. Il est constant que le granit a
fourni la matière quartzeufe à gros & à
petits grains, parce que l'eau fut l'intermède de fa formation, parce que l'eau de
l'océan universel détacha les fablons,
parce que c'est une roche fecondaire,
débris d'une précédente, & fur-tout
parce que, avant la formation des grès,
on ne trouve aucune roche que le granit,
existante fur la furface de la terre, ou
le fchiste; enfin, parceque ce granit
est la roche reconnue comme la plus
antique, & la bafe de toute autre roche.

2º. Il est constant que le fchiste, ar-
gilo-micacé des Pyrénées, des Alpes,
des Cévennes, est un détriment de la
matière micacée des montagnes granitiques, parce que c'est également une
roche formée de la décompofition d'une
autre antérieure, & parce que, avant

la formation des schistes, on ne trouve
que des granits.

3º. Il est constant que les matières
coquillières maritimes font un résultat
des matières précédentes, mêlangé avec
les débris des êtres organisés; parce que,
1º. ces débris font visibles, 2º. parce
que ces débris ont altéré les molécules
primitives minérales, & formé une
roche secondaire, 3º. parce que, avant
l'existence primitive des roches calcaires, on ne trouve dans l'ancien monde
qu'un sol granitique.

4º. Il est constant que la mer inondant toutes les hauteurs du globe, a
formé toutes ces carrières dans des
bas-fonds, en forme de sédiment, de la
même manière qu'une eau trouble
dépose les molécules solides, volti-
geantes dans sa masse.

5º. Il est constant que le travail sous-
marin des dépôts de ces couches est différent de cette force qui a excavé des
vallées. Ces deux causes font même
contradictoires, car la première a formé,
la seconde a détruit; il n'est donc point

probable que la mer ait formé, dépofé
& fillonné fes fédimens.

6°. Il eft conftant qu'il exifte deux
caufes différentes, la première qui
forme les couches, la feconde qui les
fillonne de vallées.

7°. Il eft conftant que l'eau qui fillonne forme des déblais, c'eft donc à
ces déblais du fol continental qu'il
faut attribuer les grès & les fchiftes
herborifés fecondaires.

8°. La mer qui a couvert & formé
toutes chofes, a donc perdu par abaiffement fon niveau primitif, & les bas-
fonds de mer font devenus pics de
montagne.

*Fin de l'Hiftoire naturelle des âges du
monde granitique.*

LES
TROIS ÂGES
DE LA NATURE
DANS LA FORMATION
DES VALLÉES.

LES
TROIS ÂGES
DE LA NATURE
DANS LA FORMATION DES VALLÉES.

Principes physiques sur les causes de la sculpture du globe terrestre.

2507. EN parcourant plusieurs régions de la France, nous avons reconnu différens âges dans la formation des terreins.

Dans l'ordre des matières *granitiques* nous avons vu les montagnes primitives du monde submergées jadis par l'élément liquide, attaquées par ses courans & ses flots, perdant à la longue une portion de sa masse, que l'océan universel agita en mille sens divers, &

changea en vase, d'où résultèrent les matières schisteuses & les grès.

Dans l'ordre des couches *calcaires* nous avons distingué les matières plus anciennes, renfermant des coquilles pétrifiées dont la race est éteinte dans notre climat; nous avons montré des couches moins anciennes, contenant ces familles éteintes mêlées avec quelques autres familles qui vivent aujourd'hui; nous avons reconnu enfin dans les matières calcaires plus récentes, des coquilles qu'on pêche dans nos mers actuelles.

Dans l'ordre des volcans, enfin nous avons vu six époques d'incendies souterreins, déterminées par des principes auxquels l'observation nous a élevés; tous les volcans dont nous avons observé ou les vestiges, ou les monumens, ont été distribués, chacun dans sa place chronologique.

2508. Aujourd'hui nous n'étudions plus des *formations*, mais l'ordre qui accompagne les *destructions* : car s'il fut jadis dans la nature, des loix qui

établirent

établirent les chofes qui exiftent ; leur exiftence même produifit des loix fecondaires qui ont détruit & détruifent encore les anciens ouvrages.

La *deftruction* s'offre de tous côtés fur la furface du globe. Sur les hautes montagnes, mille pics hériffés annoncent la décrépitude.

Des roches toutes nues annoncent des dépouillemens, & font entrevoir les caufes de cet effet.

De vaftes fillons creufés dans le vif des roches expriment encore d'une manière bien énergique ces loix deftructives ; enfin dans les régions inférieures, un fimple caillou roulé témoigne cette deftruction, annonçant un vide qui réfulte de la féparation de la roche fupérieure d'où il dérive.

2509. Nous effayons de donner un ordre à l'hiftoire fi confufe de ces révolutions différentes, & de déterminer comment la nature a préfidé elle-même, pour ainfi dire, à la deftruction de fes propres ouvrages.

2510. Plufieurs Auteurs ont long-

Tom. VI. M

temps observé la sculpture du globe, & ont essayé d'en donner une théorie: frappés de cette prodigieuse élévation des chaînes de montagnes, & de la profondeur des vallées, ils ont proposé divers systêmes pour en expliquer la cause.

M. Le Comte de Buffon, attribuant l'origine du globe terrestre au feu, l'a considéré dans ses réfroidissemens, comme une grande masse incandescente, qui éprouve des convulsions externes, & qui, semblable à nos métaux fondus, devient hérissé de mille aspérités.

M. le Baron de Marivetz, & M. Goussier, considérant la force centrifuge dans le globe terrestre, inhérente surtout à la surface du globe, vers l'équateur, en font dériver l'ascension des montagnes, & les émersions du globe terrestre, hors du sein des eaux.

2511. Nous croyons, 1°. que la cause qui a élevé les continens & les chaînes de montagnes qu'ils renferment, est la même que celle quî a produit les bassins de la mer par l'enfoncement du sol; &

au lieu de penfer que ces chaînes de montagnes ont été élevées par un mouvement fpontané & inhérent à leur maffe, nous fommes perfuadés que les continens ne font reftés faillans que par la chûte du terrein intermédiaire.

2512. Nous croyons, 2°. que les vallées ont été excavées par les eaux courantes athmofphériques, & non point par les courans fous-marins, & c'eft l'ordre chronologique que nous recherchons dans cette partie des annales de la nature : ainfi nous n'obfervons plus ici la nature ni les propriétés des montagnes, mais feulement leurs formes, & nous établiffons comment l'eau courante a produit des fillons *divergens* dans la première époque de fes deftructions ; comment elle produifit des fillons *convergens* dans la feconde ; & comment elle en forme de directs dans l'âge préfent où nous nous trouvons : triple règne dans l'ordre des temps, qui nous donne trois époques, ou trois âges diftincts & remarquables ; mais avant d'expofer l'hiftoire de ces diffé-

M 2

rens âges, il faut faire connoître les vérités primitives & les principes de cette partie de la Géographie phyſique du globe terreſtre, & montrer comment les eaux athmoſphériques *diſſolvent, ſoulèvent* & *entraînent* les matières terreſtres expoſées à leurs courans ; car ce ſont les trois grandes propriétés de ces eaux mobiles, & les trois cauſes principales de l'excavation des vallées, aidées par l'alternative du froid & du chaud nocturne & diurne, & par le principe encore inconnu, qui argilifie la plupart des matières minérales terreſtres.

CHAPITRE I.

De l'alternative du froid & du chaud.
Alternative périodique & journalière.
Alternative périodique & annuelle.

2513. Tous les corps que nous connoissons sur la surface de la terre ont un plus grand volume quand ils sont échauffés, que lorsqu'ils sont froids: cette vérité est assez connue pour qu'elle n'ait pas besoin de preuve.

Mais cette extension du corps échauffé opère des phénomènes différens dans les diverses substances échauffées ; les métaux reçoivent aisément cette impression, sans que leur tissu interne ne soit altéré ; leur malléabilité permet à leurs vacuoles, à leurs pores constitutifs, de faire le soufflet, d'inspirer & d'expirer la chaleur sans perdre leur constitution.

Mais l'action de la chaleur, sur les pierres, est bien différente ; exposées à

M 3

l'alternative du froid & du chaud, le renflement & le rétréciffement perpétuel, périodique & journalier de leurs parties fuperficielles expofées à la chaleur athmofphérique, détruit à la longue cette furface qui fe pulvérife à force de faire le foufflet, & de multiplier l'infpiration & l'expiration chaleureufe.

2514. Les roches calcaires font celles qui réfiftent le moins à cette alternative; on voit ce phénomène dans divers cantons du Vivarais, où la furface de la pierre fe pulvérife.

Les roches de grès réfiftent davantage à cette opération périodique de la chaleur folaire, & les roches granitiques fe défendent plus long temps des effets de cette mobilité perpétuelle.

1515. Toutes les roches enfin fe confervent mieux lorfqu'elles font polies que lorfqu'elles font hériffées d'afpérités : dans ce dernier cas, les parties conftituantes ne peuvent point fe foutenir mutuellement ni refpectivement ; la pointe faillante, externe & à moitié féparée, reçoit davantage de chaleur, & se défend moins de l'action alternative & réitérée du froid & du chaud.

Ces phénomènes arrivent en petit : tous les jours & toutes les nuits la dilatation se fait vers midi, & elle cesse le soir, où un froid subit vient saisir les surfaces des roches.

2516. Mais ils arrivent en grand annuellement : pendant trois mois de l'année la superficie externe des roches est très-dilatée, & pendant le reste de l'année elle l'est plus ou moins jusqu'au temps des gelées, où se fait la condensation principale.

2517. Ensuite les dilatations comparées de la superficie externe des roches & de l'intérieur, concourent encore à accélérer la destruction : en sens horizontal & superficiel, la chaleur solaire & acquise est bien par-tout à-peu-près uniforme; mais en sens perpendiculaire cette chaleur varie du plus au moins; en sorte qu'à quelques pieds de profondeur la roche est constamment douée de la même température, comme l'attestent

M 4

nos thermomètres exposés dans des concavités profondes.

2518. Il résulte de ces observations que la surface des roches, exposées aux influences solaires, fait le thermomètre & le soufflet tous les jours en petit, & tous les ans en grand ; cette première cause de la destruction superficielle des montagnes, toutes nues, exposées aux courans des eaux athmosphériques, est bien plus active pendant la gelée, alors l'eau, déjà insinuée dans l'intérieur de la roche, s'y gèle, il en écarte, soulève, divise, rompt les molécules constitutives; l'adhérence réciproque est détruite.

2519. Voyez quels débacles après les pluies du mois de Mars & d'Avril : l'eau pluviale vient déblayer tous les débris des roches, toutes les rivières se colorent & chacune selon la nature du sol qu'elle parcourt, la Seine devient jaune, le Rhône noirâtre, l'Ardèche rougit, &c., &c. : première cause de la destruction des montagnes.

CHAPITRE II.

Du principe qui argilifie toutes les subs-
tances. Argilification des matières
granitiques, des matières calcaires &
des matières volcaniques.

2520. QUELLE que puisse être la
cause interne ou externe qui détruit
le tissu, la solidité des parties qui forment les roches, il est très-vrai qu'elles
se changent toutes en argile.

Dans les montagnes granitiques j'ai
vu ce principe attaquer les parties hétérogènes qui forment ces roches, &
ne pas toucher aux grains de quartz.

Dans les montagnes calcaires j'ai vu
des couches dures, compactes, solides
& résistantes d'un côté, pulvérulentes
de l'autre, & refusant de faire effervescence avec les acides.

Dans les laves, M. Hamilton le premier, a reconnu leur argilification, en-
forte que ces phénomènes annoncent

qu'il reste moins de travail à faire à l'eau courante, lorsqu'elle glisse sur des montagnes sujettes à l'argilification: seconde cause de la destruction de la superficie des montagnes.

Ici l'eau n'a qu'à toucher une roche argilifiée, elle la change en pâte, en boue, en vase; elle la délaye; elle se l'approprie; elle la dépose plus loin, après l'avoir remuée en mille sens divers, & après l'avoir dénaturée par un mélange avec d'autres détrimens hétérogènes.

CHAPITRE III.

*De l'eau courante pluviale, comme dif-
folvant.*

2521. L'EAU agit tellement fur tous
les corps qu'elle touche pendant long-
temps, qu'elle s'approprie toujours quelques molécules élémentaires qu'elle détache de leur fubftance. Or ces molécules primitives font fouvent d'une
telle petiteffe, que l'élément liquide les
tient en diffolution & dans un état in-
vifible, & parfaitement infenfible.

L'eau jouit ainfi d'une force qu'elle
pofsède en qualité de liquide, par laquelle elle détruit en partie l'adhéfion
réciproque des parties compofantes de
toutes les pierres du monde; parmi
lefquelles les roches granitiques &
quartzeufes font les plus tenaces & le
moins diffolubles.

Après l'action des répercuffifs chymi-
ques, & après l'évaporation de tout

fluide, il reste toujours un résidu ter-
reux : c'est ici la partie la plus maté-
rielle de l'élément terrestre dissous, qui
n'a pas été volatilisée avec le dissolvant.

Dans ce sens, il est peu d'eau minérale qui ne contienne sa portion plus
ou moins grande de matière dissoute
& visible après l'acte chymique.

2522. Dans les dissolutions lapidifi-
ques, il faut observer deux degrés
différens ; la dissolution insensible, celle
qui dépend de la force intrinsèque de
l'eau, & la dissolution sensible qui dépend de l'état actuel d'une roche pulvérulente, ou tendant à la pulvérulence.

Dans le premier cas, l'eau agit par
elle-même & par sa seule force active
dissolvante, sur toute matière quelconque, dont elle divise & s'approprie
une certaine portion plus ou moins
considérable de molécules constituantes : dans le second cas, les roches,
déjà pulvérulentes, ou déjà pulvérisées,
s'unissent aux parties de l'eau, sans

autre effort de la part de ce dernier élément, qu'une combinaison & un mélange des fubftances hétérogènes.

Le premier cas arrive toutes les fois que l'eau peut agir fur un corps quelconque, contenant l'élément liquide ou contenu dans lui-même ; & le fecond s'obferve fur-tout en grand après les averfes majeures : alors une grande quantité d'eau pluviale agit fur une grande quantité de matière pulvérulente & pulvérifée que la chaleur & le froid, l'air & le vent, &c. &c. ont atténuée ; & l'élément aqueux continuant même de fon côté l'ouvrage déjà commencé par le froid & le chaud, & par l'air, &c. fubdivife encore, atténue, & diffout davantage la matière déjà pulvérifée ; il exifte donc deux états de diffolution aqueufe, l'infenfible, & celle que l'eau perfectionne.

CHAPITRE IV.

De l'eau pluviale, comme entraînant.

2523 UN élément qui a la force de diffoudre, jouit encore du pouvoir d'entraîner dans fon courant toute matière mobile qui s'oppofe à fon paffage ; fi vous paffez quelques rivières, dont les cailloux roulés foient bien fphériques & non hériffés de pointes, comme les blocs filicés du lit de la Seine à Paris, obfervez ce qui fe paffe fous vous ; fi le lit de la rivière eft un peu en pente, vous entendrez des coups fecs, des heurtemens d'un caillou ambulant, & fuivant le courant de l'eau, contr'un autre caillou voifin ou fondamental. J'ai obfervé ce fait plus de cent fois dans les rivières de Lende, de la Ligne, d'Ardèche, &c.

Si au contraire le fol eft trop peu incliné, voyez ce qui fe paffe dans le fable, obfervez fon mouvement de tranſport, & jugez de la force de l'eau, même ſur les aterriſſemens & les ſablons qui ne peuvent ſurnager.

Ainſi l'eau entraîne tout ce qui eſt mobile, quoique ſpécifiquement plus peſant qu'elle; & c'eſt dans cette action conſtante & jamais interrompue, qu'il faut reconnoître une des cauſes de l'état ſaillant des montagnes & de l'enfoncement des vallées.

C'eſt cette force de l'eau qui forme les plaines inférieures compoſées des matières ſupérieures détachées du vif de la roche; il n'eſt pas un ſeul grain de ſable, pas un ſeul caillou qui ne réclame ſon origine & qui ne prouve un vide égal, & c'eſt à la totalité de l'atterriſſement, ou délaiſſé, ou diſſous & emporté, qu'on doit attribuer la totalité de l'excavation; comme c'eſt à l'enlèvement de tous les débris d'un bloc de marbre, changé en ſtatue, qu'on doit attribuer les vides ſitués entre ſes formes & ſes traits ſaillans.

CHAPITRE V.

De l'eau courante pluviale, comme sou-
levant les sablons & menus aterrisse-
mens dans les basses plaines presque
horizontales.

2524. QUE l'eau entraîne un corps
spécifiquement plus pesant qu'elle-
même, ce n'est point un phénomène singulier ; mais il le devient lorsque le sol
est presque horizontal , comme dans
les basses plaines des fleuves ou des
grandes rivières, dont le bas-fond ou le
lit n'est incliné que de quelques lignes
par toises, & qui se trouve formé de
sable , de sablon, ou d'un menu aterrissement.

Dans cet état (quoique le lit de la
rivière soit très-peu incliné , quoique
souvent il soit horizontal, & même en
quelques lieux un peu incliné en sens
contraire à celui du courant) ; dans
cet état, dis-je, l'eau fluviatile entraîne
encore l'aterrissement dans la direction

tion du courant ; car, dans ce dernier
cas , les grains de la fuperficie fupérieure , toujours foutenus par les grains
de deffous, perdent beaucoup de leur
poids. L'impulfion de l'eau agit toujours,
& dans un terrein afcendant j'ai vu
des fablons ainfi pouffés monter comme
par échelons : ainfi il refte prouvé que
l'eau courante fluviale, dans les plaines
inférieures, pouffe vers la mer, & fait
avancer le fablon, quoique le fol foit
d'une pente contraire à celle du courant.

2525. Enfin le fable fuperfin , le
fable & le fablon, une fois fubmergés
dans les plaines des bas fleuves & vers
les embouchures maritimes , font dans
un perpétuel mouvement : les loix de
l'équilibre de ce balancement éternel
& univerfel qu'on obferve entre les
fluides & les liquides, font perdre d'abord
au fablon fubmergé d'eau une partie de
fon poids : l'autre partie eft diminuée
par le foutien perpétuel des fablons
inférieurs ; en forte que le fable & le
fablon, allégés par ce foutien & par

Tom. VI.   N

l'immersion aqueuse, obéissent au moindre mouvement des courans qui s'infiltrent dans les vides, soulèvent les masses, les transportent, écroulent à chaque instant toutes les superpositions, en établissent de nouvelles, constamment changées à chaque moment suivant, qui mélange de nouveau les molécules, détruit les positions respectives antérieures, & multiplie de millions de frottemens divers, sans cesse remaniés en différens sens.

Ainsi le sable plus élevé passe sur le sable moins élevé; ainsi toutes choses se portent à l'horizontalité dans les basses vallées & vers les embouchures des fleuves.

CHAPITRE VI.

Du frottement des aterriſſemens. Cailloux roulés. Pierres mobiles. Matière ſilicée. Quartz ſabloneux avec quartz Sabloneux. Pierre calcaire roulée avec pierre calcaire roulée.

2526. TELLE eſt la théorie qu'on peut donner aux mouvemens des aterriſſemens & des ſables dans le fond des vallées preſque horizontales, & ſur-tout dans les plaines des fleuves où ce phénomène ſe développe en grand : ce mouvement inteſtin du ſein des eaux, qui ne ſe manifeſte au-dehors aux regards de l'Obſervateur qu'au bord des fleuves, eſt ſi énergique & ſi actif, que ces débris de toutes les montagnes, qui d'abord s'en étoient détachés en blocs & en grandes maſſes, ſont devenus pulvérulens & ſabloneux dans les plaines des fleuves où les ſeules ſubſtances les plus dures paroiſſent avoir

N 2

réſiſté davantage ; ainſi toute matière diſſoluble a été entraînée dans la mer ; il ne reſte que le ſablon quartzeux & extrêmement diviſé.

Voilà ce qu'on obſerve dans la plaine ſabloneuſe du Rhône. A Paris où le ſablon quartzeux ne domine point dans le lit de la Seine, c'eſt la matière ſili-cée qui réſiſte davantage ; on l'y trouve en blocs ; elle y eſt peu corrodée, & rarement ronde, parce qu'elle ne peut que frotter contr'elle-même. Les autres parties calcaires, moins dures, ne peu-vent la corroder : elle corrode tout, (rien ne la corrode) : quelques ſablons quartzeux, en très-petite quantité, pro-venus du Morvant & autres lieux gra-nitiques ſupérieurs, ne ſont pas aſſez conſidérables pour agir en grand dans toute la maſſe déblayée.

2527. Le ſablon quartzeux avec le ſablon quartzeux, au contraire, détri-ment des granits ou des grès, s'atté-nuent davantage, & deviennent bien-tôt tellement pulvérulens, que la biſe les ſoulève, & ſoudain un nuage ſabloneux parcourt de grands espaces dans la région supérieure.

La pierre calcaire roulée avec la pierre calcaire roulée produit au contraire du limon, de la fange qui s'imbibe d'eau, la perd & la reprend, qui est dissoute aisément par l'eau courante qui est emportée au loin, sans qu'il en résulte presqu'aucun dépôt.

CHAPITRE VII.

Des cailloux mobiles & des cailloux stationnaires.

2528. DE toutes les vérités antérieures, qui sont autant de principes dans l'histoire théorique de la sculpture du globe terrestre, il suit qu'il doit se trouver sur la surface des amas de cailloux stationnaires, & des courans de cailloux mobiles.

Ceux-ci, actuellement entraînés par l'eau courante des rivières ou des fleuves, éprouvent, par leurs frottemens, l'action qui doit les transporter vers la mer, où ils seront réduits en sablon : en sorte que, précipités des hauteurs sourcilleuses des montagnes les plus élevées, ils ne parviendront, selon la direction de la vallée, vers les embouchures du fleuve, qu'en état rond, oval, ou lenticulaire, gros comme une fève ou un pois, ou peut-être, si la matière est friable, en état de sable.

Ce seul phénomène suffit pour démontrer que les courans maritimes n'ont
point entraîné les cailloux roulés des
hautes montagnes : car , si les partisans
de ce système ne peuvent me nier que
ces cailloux granitiques du bord de la
mer ne soient venus de ces lieux élevés, ils doivent avouer aussi qu'ils n'ont
été entraînés que par les fleuves : opération que l'on voit tous les jours en
petit, & que la suite des siècles a per-
fectionnée en grand. Ils ne peuvent me
dire qu'ils ont perdu leur calibre par le
courant ; car un courant n'eut jamais la
force d'atténuer de la sorte un bloc de
granit : c'est la suite des temps & le long
passage des eaux qui l'opère. L'averse
toute trouble & boueuse qui part des
sources de la Loire, qui en détache un
bloc de basalte , arrive sans doute dans
l'océan dans huit ou neuf jours ; mais le
bloc de basalte, tout hérissé, s'avance de
quelques toises seulement : l'averse sui-
vante le poussera encore dix toises, & ainsi
de suite, jusqu'à ce qu'un million d'averses aient conduit le bloc successivement.

émouſſé, arrondi & atténué vers le bord
de la mer où il eſt en état de globule :
d'où il réſulte qu'un courant de mer
n'a pu façonner de la ſorte le bloc ba-
ſaltique.

2529. Telle eſt la théorie de la formation des cailloux ; il faut pour cet
effet, le temps, l'eau courante, une
vallée qui ſe creuſe, & qui perd ſans
ceſſe de ſes parois. Une parfaite démonſtration de cette vérité eſt ſenſible
après les crues du Rhône : on voit
que ce fleuve ſeul a charié les déblais
de ſon embouchure, qu'il les a reçus
des montagnes ſupérieures, & que les
courans de mer n'ont rien opéré dans
les phénomènes viſibles à l'Obſervateur
de l'âge préſent.

Cette théorie eſt la ſeule qui puiſſe
nous apprendre quelle eſt la vraie
cauſe de la ſculpture du globe, elle
ſeule peut diriger le voyageur pour
juger avec vérité, & dans les principes
d'une bonne phyſique, les apparences
externes & les phénomènes de la ſculpture du globe ; elle donne d'ailleurs la

solution d'une suite de problêmes relatifs à cette sculpture ; elle montre
sur-tout la cause de ces amas de poudingues ou de cailloux stationnaires
éloignés des courans des rivières, qui,
changeant de lit parce qu'ils s'ouvroient
d'autres passages, ont délaissé d'anciens
lits de rivières : tels les antiques lits
comblés de laves, & que la suite des
temps a découverts, & qu'on trouve
même sur les hauteurs du mont Coiron. Ces amas de cailloux stationnaires
annoncent la vérité de mes principes,
que le chapitre suivant prouvera d'une
autre manière.

CHAPITRE VIII.

Des cailloux à gros calibre & des cailloux atténués.

2530. Mais, dira-t-on, vous voulez que les eaux fluviatiles aient formé ces aterriffemens ; vous ajoutez qu'ils ont acumulé les aterriffemens des plaines ; vous dites qu'ils ont délaiffé les amas ftationnaires de cailloux roulés, éloignés des courans, ou plus élevés.... Mais comparez le calibre de ces cailloux roulés ftationnaires au calibre de ceux qui compofent les lits actuels & voifins des rivières, & vous jugerez que ces courans fluviatiles n'ont jamais pu entraîner ces maffes : voyez les énormes blocs arrondis de la plaine de Craux ; voyez les aterriffemens du fleuve voifin. Confidérez les maffes de l'ancien lit des hauteurs du Coiron, & les déblais atténués de toutes les rivières voifines, & convenez que votre syftême vous obligera à reconnoître d'autres agens pour mouvoir ces maffes fi énormes, relativement à celles qui font actuellement entraînées par les courans ; & quel fyftême eft celui qui, pour faire mouvoir ces fubftances, a recours à des caufes de ce genre, à l'augmentation des eaux courantes ?

Réponfe. L'augmentation des anciens courans d'eau ne peut être adoptée que par ceux qui ne peuvent, faute d'obfervation, faifir l'enfemble du fyftême des vallées, ou qui n'ont compris que quelques idées les plus communes : il n'eft pas probable qu'une maffe d'eau plus *confidérable* ait délaiffé de plus grands calibres ; il n'eft pas vraifemblable que l'eau plus *confidérable* ait plus de force d'impulfion : ce n'eft point la maffe qui imprime le mouvement, elle eft inerte & inactive, mais c'eft la vîteffe ou le mouvement accéléré : une maffe peu confidérable d'eau entraîne des blocs lourds & pefans dans les ruiffeaux élevés, & toute la maffe des eaux du Rhône n'a pu, après plufieurs fiècles, entraîner le cafque fameux qu'on y trouva dans le fiècle paffé : d'où il réfulte clairement que la maffe plus confidérable & la maffe moins confidérable n'entraînent point de blocs plus ou moins gros.

2531. La force de l'eau gît donc dans fa vîteffe. Or comme l'eau ne l'acquiert qu'à mefure qu'elle parcourt un terrein très-incliné, & comme cette force augmente de plus en plus à mefure que la pente s'approche de l'angle droit, il fuit que l'eau courante fluviatile tire fa force projectile ou d'impulfion, ou de la forme du fol plus ou moins incliné ; impulfion dont l'énergie diminue infiniment dans les baffes plaines prefque horizontales.

D'après ces obfervations, (qu'il eft fâcheux de rapporter, parce que ce font les vérités fondamentales que préfente le fens-commun, pour l'inftruction primtive de la théorie des vallées), comparons cette obfervation à ce qui s'eft paffé lorfque les eaux courantes fluviatiles délaiffèrent les amas de cailloux ftationnaires à gros calibre.

2532. Alors le terrein supérieur étoit encore plus élevé, & par conséquent plus incliné ; car toute la masse des aterrissemens, entraînée depuis que les amas stationnaires à gros calibre ont été délaissés, étoit encore en place ; ce qui est vide n'étoit point alors un vide aussi profond, & les crêtes de montagnes n'étant pas encore autant dépouillées, étoient bien plus élevées : représentez-vous donc l'état des hauteurs sourcilleuses des Alpes, des Pyrénées, des Cévennes avant la formation des aterrissemens ; ajoutez à tous les sommets sourcilleux tous leurs déblais situés dans les plaines, & voyez quelle inclinaison vous établirez, & quelle force accélérée, résultante dans les courans de ces eaux qui en tomberont.

2533. Je fais, si je voulois appliquer ce raisonnement à la formation de la Craux du Rhône, à celle des cailloux de l'autre bord, tant du côté opposé à la ville d'Avignon, que dans mille autres bords du Rhône, & sur-tout à Montelimard, où l'on a trouvé, sous

terre, de gros monceaux de basalte venus du Vivarais; je fais, dis-je, qu'à
l'époque de leur délaissement, les hauteurs avoient été déjà abaissées, &
qu'elles n'étoient pas alors dans leur
degré primitif d'élévation : cependant
il est certain que dans cette circonstance,
le sol supérieur étoit plus élevé, puisqu'il manque à ce sol toute la matière
déblayée depuis le délaissement de l'amas
stationnaire.

Une plus grande averse des eaux
courantes des rivières entraîne cependant une plus grande quantité de déblais, & sa force n'est jamais plus grande
que lorsque les eaux de la rivière sont
basses; mais deux causes concourent à
ce phénomène : la première consiste en
ce que la force accélérée augmente
réellement; la seconde, plus considérable, en ce que les averses ont attaqué un sol sec, & en ont entraîné des
masses ci-devant immobiles : dans ce
cas, l'averse déblaye dans le terrein,
& la rivière entraîne les matières qui
viennent s'arrondir dans les bas-fonds

& dans les lits des fleuves : l'accroisse-
ment de la rivière, & les eaux plus considérables ne font donc pas la seule cause
des déblais d'un plus gros calibre.

2534. Je puis prouver tous les rai-
sonnemens qui précèdent, par diverses
observations faites dans nos montagnes
du Vivarais; j'ai vu dans des bas-fonds
de vallées, du côté de Géneſtelle, auprès d'Antraigues, de gros cailloux roulés, balſatiques, d'un calibre beaucoup
plus gros que les pierres actuellement
roulées par les eaux. Or il n'exiſte ſur
cette montagne, comme je le croyois
d'abord, aucun reſte de volcan; les
hautes laves ont donc été emportées
& le terrein en a été néceſſairement
abaiſſé : & combien de volcans, ſitués
ſur des plateaux ſupérieurs, ont été
ainſi démentelés, détruits, renverſés,
déblayés par les eaux courantes, & dont
nous ne pouvons avoir aucune idée
qu'à l'aide de leurs détrimens, & de
la méditation de l'eſprit qui les réta-
blit comme l'Architecte éclairé obſer
vant les ruines de Palmire, reconnoît

encore la magnificence du Peuple ama-
teur des Beaux-Arts, dont les débris annoncent tant de chef-d'œuvres !

Il existe donc des preuves de fait
que les hauteurs sourcilleuses ont été
plus élevées encore.

2535. Enfin nous terminerons ce
chapitre, en observant qu'on ne peut
raisonnablement comparer la masse des
plaines déblayées au vide des vallées
qui l'ont fournie ; car nous avons vu
ci-dessus, que l'eau courante agit puis-
samment comme *dissolvant* ; & je don-
nerai ci-après, les loix respectives de
destruction, soit *entraînante*, soit *dissolvante*, dans les divers terreins calcaires,
granitiques & volcanisés, depuis le bord
de la mer jusqu'au sommet de nos montagnes vivaroises ; ainsi, s'il est vrai,
comme il sera prouvé en son lieu, que
les eaux courantes détruisent infiniment
moins comme *entraînant*, que comme
fondant, il sera peu raisonnable de comparer les masses ; il faut donc prendre le
fait, dans sa plus grande généralité, &
non dans une de ses parties, & comparer

parer lélement deſtructeur en deux
ſens, au vide qu'il a formé, d'où peut
reſulter l'âge des vallées.

Dans l'art de vérifier les dates de la
nature, nous expoſerons quelle quantité d'eau pluviale tombe annuellement
dans les vallées calcaires de Nîmes, dans
la plaine d'aterriſſement à Avignon, &
dans nos montagnes granitiques viva-
roiſes. Nous verrons dans l'averſe, non
la quantité de cailloux roulés, mais la
quantité de matière diſſoute : nous expoſerons combien de pieds cubes d'eau
tombe tous les ans dans ce terrein ;
combien l'averſe diſſout de matière dans
chaque pied cube, & combien de pieds
cubes il faut pour tenir en diſſolution
toute la matière qui manque dans les
vallées dont nous expoſerons la longueur, la largeur & la profondeur me-
ſurées géométriquement.

2536. Il réſulte de nos expériences,
1º. que la maſſe de cailloux roulés, au
lieu de pouvoir ſervir de comparaiſon
aux vides, eſt elle-même la matière
première qui fournit le plus puiſſam-

Tom. VI.   O

ment à la diffolution ; 2°. que les cailloux roulés ne fortent pas de leurs vallées en état de cailloux, ou qu'ils en fortent en petite quantité, trop peu confidérable pour être la mefure de l'efpace vide & pour être mis en parallèle avec lui ; 3°. enfin il en réfultera l'âge des vallées, déterminé par un nombre d'années, car le temps pendant lequel fe fait une deftruction, étant déterminé, il ne refte qu'à demander combien de temps il faut pour opérer la deftruction d'une maffe donnée qui rempliffoit toute une vallée.

M. de Genfanne a trouvé pendant combien de fiècles les pluies doivent corroder encore les Pyrénées, pour les changer en déblais ; & Schaw a reconnu de combien de pieds la vallée du Nil avoit été élevée depuis le déluge. Nous examinerons leur théorie, & nous appuierons la nôtre fur de folides fondemens, afin de déterminer la retraite des eaux de la mer, comparée avec le temps, & d'exprimer le nombre d'années employées à cette diminution prou-

vée par l'excavation des vallées granitiques & calcaires, depuis les plus hauts
sommets jusqu'à la mer : nous rempli-
rons ainsi la promesse faite dans le
Tome I, page 33.

RÉSULTATS

DES PRINCIPES DE LA SCULP-TURE DU GLOBE TERRESTRE.

2537. DE tous ces principes il résulte quelques vérités incontestables qui font le fondement de la théorie des vallées :

1°. La succession diurne & nocturne du froid & du chaud ;

2°. La succession annuelle de la glace & du chaud rendant l'hiver & l'été, détruisent, par leurs périodes & à la longue, toutes les roches ;

3°. Cette succession détruit plutôt les surfaces inégales & plus tard les surfaces polies ;

4°. Il existe dans la nature une cause qui argilifie toutes les sortes de pierres qui entrent dans la composition des montagnes ;

5°. L'eau agit comme *dissolvant* sur toutes les sortes de roches du globe ;

6°. Elle agit comme *entraînant* les

maffes ou mobiles ou diffoutes, des lieux les plus élevés vers les plus bas;

7°. Elle agit comme *foulevant*, dans les plaines, les aterriffemens, qu'elle pouffe fans ceffe dans le fens de fes courans; les aterriffemens, par les frottemens, s'attenuent davantage;

8°. L'eau courante fluviatile ayant changé fouvent de lit, a délaiffé les poudingues & cailloux roulés dans un état ftationnaire.

9°. Les anciennes pentes, plus inclinées, en ont délaiffé d'un plus gros calibre.

Il ne refte qu'à appliquer ces principes à la furface du globe pour voir des époques fe développer à nos yeux & pour fuivre la nature dans l'excavation des vallées, depuis le fommet de hautes montagnes jufqu'à la mer, & pour voir former, comme fous nos yeux, les vallées primitives divergentes, les vallées fecondaires convergentes, & les vallées directes du troifième & dernier âge.

Fin des Principes de la fculpture du globe terreftre.

Vallées Divergentes et Primitives.

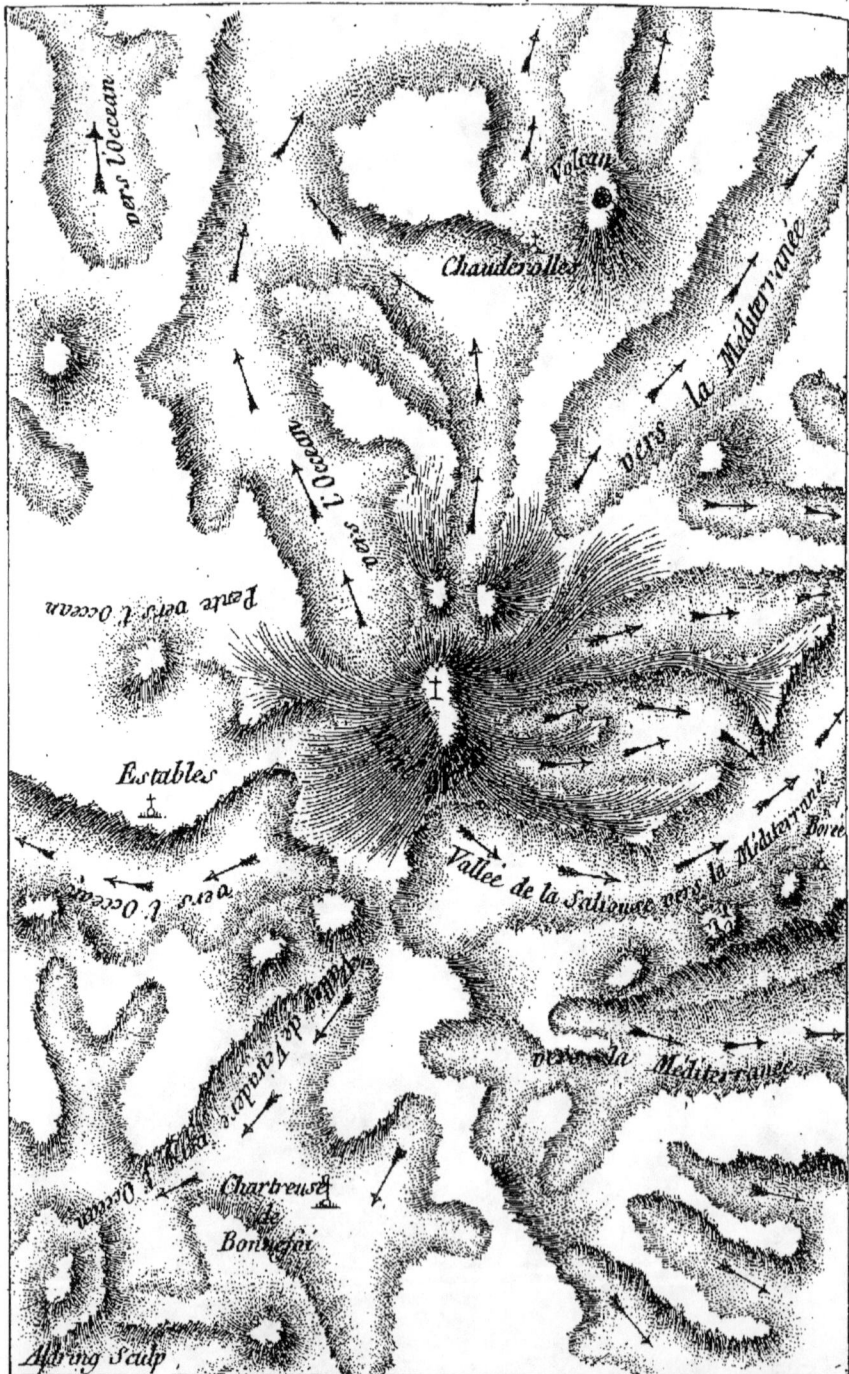

vers l'Océan

Volcan

Chauderolles

vers la Méditerranée

vers l'Océan

Pente vers l'Occean

Estables

Vallée de la Saliouce vers la Méditerranée

Borée

vers l'Occean

Vallée de Fradou

vers la Méditerranée

vers l'Océan

Chartreuse de Bonnefoi

PREMIER ÂGE.

Quand les eaux courantes ont formé les Vallées divergentes, primitives.

CHAPITRE I.

Formes primitives du sol de ce premier âge. Premiers sillons imprimés dans les parties les moins solides. Séparation des courans d'eau athmosphériques. Divergence des vallées sur les pics. Vue des principales chaînes primitives du globe terrestre. Vue des pics. Vue des chaînes. Vallées contraires. Vallées croisées. Vallées anostomosées. Vue du mont Mezin haute montagne du Vivarais. Explication de la Carte.

2538. Toute la terre étoit couverte d'eau : quelques chaînes de montagnes

O 4

& quelques hauteurs du globe dominoient sur l'océan universel.

Cette vérité est aujourd'hui claire &
évidente pour tout véritable observa-
teur de la nature, & les sommets ou
les côtés de ces montagnes sur montagnes en font foi; car ils supportent,
dans plusieurs endroits, de petits plateaux calcaires, reste de toutes les
couches calcaires qui couvrirent le
globe.

Mais quand le grand FIAT eut com-
mandé aux eaux de se séparer du continent, & de s'engoufrer dans leur vaste
réceptacle, alors mille plateaux supérieurs s'élevèrent du sein des eaux, &
une infinité de hauts pics parurent sortir
du milieu de l'élément liquide par la
chûte du fond du bassin maritime.

2539. Alors parut hors du sein de
la mer cette chaîne supérieure de montagnes qui, partant de la mer glaciale
arctique dans le nouveau-monde, se
propage vers la mer glaciale antarc-
tique, sépare en deux portions toute
l'Amérique, & vient expirer à la terre

de feu, donnant au continent de cet hémisphère une forme aiguë. Alors fut formée cette autre chaîne majeure qui vient de Sibérie & de Perse, s'avance vers la Méditerranée; & après avoir passé dans l'Abyssinie, vers les sources du Nil, vient disparoître au cap de Bonne-Espérance, où le continent finit aussi en pointe.

2540. Cette émersion universelle des chaînes de montagnes au-dessus des eaux qui les submergeoient autrefois, quelle que puisse être la cause de ce grand effet, produisit, dans notre Europe, les chaînes célèbres qui commencent vers la pointe d'Europe, coupent l'Espagne en deux portions, s'anostomosent aux Pyrénées, dont la chaîne, par sa direction, coupe à angles droits la précédente : la même chaîne courant toujours du sud vers le nord, vient former les plateaux de Lauzère, de l'Esperon, du grand Tanargue en Vivarais, du grand Mezin, du mont Pilat, & ainsi de suite jusqu'à l'anostomose de cette chaîne avec l'autre

branche, qui part du fein de la Méditerranée, forme lés Apennins, monte
vers les Alpes, & fe lève avec le Saint-
Gothard.

Telle eft la forme des chaînes de
montagnes qui ceignent le globe, &
dont les fommets font de part & d'autre
couronnés de plateaux calcaires ou de
crêtes de montagnes, qui ne font qu'une
petite portion d'une coulée de lave;
en forte que toutes les pointes & les
pics n'ont pas été créés tels ; mais ils
ont été démantelés à la longue comme
la ville de Palmire, dont les colonnes
ifolées, les tronçons encore droits, les
portions de bâtimens, annoncent un
fyftême, un ordre, une fuite, une
correfpondance que le temps a atta-
qués.

1541. Il faut donc bien diftinguer
la *création* de ces montagnes d'avec
leur *formation*, car ce dernier phénomène eft bien poftérieur; & pour dé-
brouiller tout ce cahos de formation
& de deftruction fubalternes, & donner
un ordre, une méthode à l'obfervation,

il faut fe placer au moment où les grandes chaînes devinrent faillantes & ftationnaires.

2542. Alors les eaux courantes athmofphériques vinrent attaquer le continent nouveau ; la mer, qui fubmergeoit encore en partie, couvroit tout le terrein inférieur où elle formoit des ouvrages plus récens ; elle formoit les brèches & quelques poudingues ; & comme la matière organifée n'avoit pas encore vécu long temps ni dans la mer, ni dans le continent, la vafe maritime étoit plus analogue à la matière conftituante de ces brèches.

Alors fe formèrent néceffairement les vallées divergentes primitives : le terrein forti des eaux, formant des ifles, & le globe terraqué étant un Archipel général, les eaux courantes terreftres creusèrent felon les pentes ; & comme dans une ifle, ou dans toute élévation verticale d'un terrein hors du fein des eaux, il y a dans tous les points de l'horizon des endroits plus bas, il fe forma des excavations en fens divergent.

4543. Parcourez toutes les isles du monde, observez la direction de leurs vallées, elles seront toutes en sens divergent les unes respectivement aux autres.

Mais quand le sol sorti du sein de l'élément liquide, au lieu de former des pics, des isles, ou des plateaux, offrit, à l'aspect céleste, une chaîne toute nue; alors, au lieu d'offrir des terreins en pente comme les cônes, le sol n'offrit que deux pentes comme le dos d'âne, ainsi il n'y eut que deux chûtes des eaux courantes terrestres, & par conséquent que deux sortes de vallées dont la direction fut en sens opposé : telles sont les vallées occidentales de la chûte du terrein vers le Gévaudan & les vallées orientales vivaroises ; les phénomènes de ces sortes de vallées, se réduisent aux suivans :

2544. 1°. Les vallées se *contrarient*, & cette direction s'observe lorsque sur une chaîne dirigée de AA vers BB, il y a deux vallées qui commencent ensemble vers C, & s'avancent en s'a-

baiſſant en ſens oppoſé, l'une de C
vers D, & l'autre de C vers E.

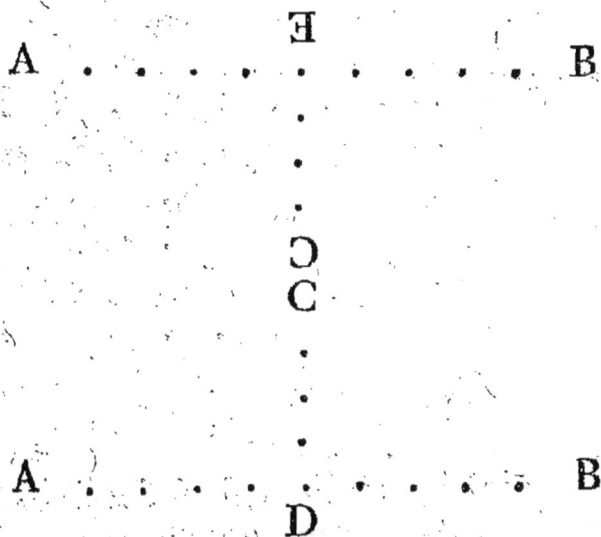

A . . . . B
E

C
C

A . . . . B
D

On obſerve cette forme, la plus régulière de toutes, lorſque les hauteurs
de la chaîne ſont également inclinées
& lorſque le terrein eſt uniforme ;

2545. 2°. Les vallées *ſe croiſent*, & ce
phénomène arrive toutes les fois que
ſur la chaîne il ſe trouve des vallées
parallèles, voiſines, dont les pentes
ſont inverſes ; comme dans la chaîne
dirigée de AA vers BB, on voit deux
vallées voiſines & parallèles, dont l'une

part du point C vers D, & l'autre en
sens opposé du point E, vers le point F.

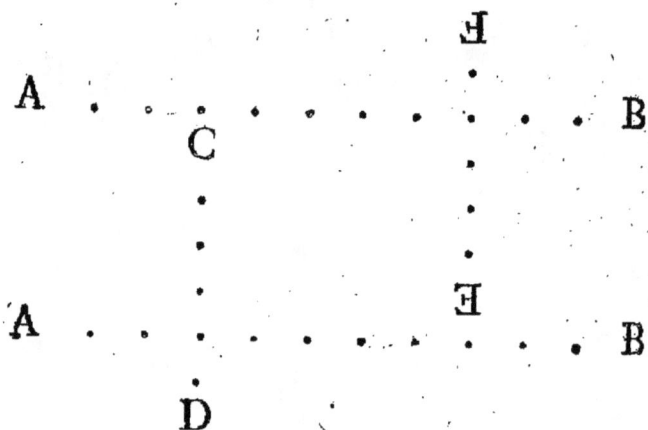

A . . . . B
C
F

A . . . . B
E
D

Dans les deux vallées, si on étudie bien
ces sortes de terrein, on trouvera que
les deux territoires C E font d'une
masse très-compacte, & que tout le
voisinage est plus susceptible ou de
pulvérulence ou de diffolution, ce qui
a placé les commencemens supérieurs
des vallées vers ces lieux ;

2546. 3°. Enfin les vallées s'anostomosent sur le sommet de la chaîne,
ce qui forme les crevasses supérieures,
appellées *gorges* & *collets* en Vivarais,
ports sur les sommets des Pyrénées, *cols*
sur les Alpes, &c.

Les formes des vallées anoſtomoſées
ſe préſentent de cette ſorte :

Dans la chaîne ſupérieure que je ſuppoſe être les Pyrénées, dirigées de AA
vers l'occident BB, eſt imprimée une
grande, large & profonde vallée CD
qui coupe à angles drôits la direction
de la chaîne

A . . . . C . . . . B

E

A . . . . D . . . . B

Dans cette vallée, le plus haut point
de ſon bas-fond eſt ordinairement vers
le centre E de la chaîne, & cette forme
ſe trouve dans toutes les gorges, cols,
ports & collets où le ſol eſt pulvérulent
ou tendant à la pulvérulence, ou moins
ſolide & moins compacte que le ſol
latéral ; c'eſt la partie foible de la chaîne
qui réſiſte moins à la deſtruction, ce
qui a fait que les eaux des deux pentes

ont placé, ici d'une manière simulta-
née, leur commun & identique commencement.

Voilà quelles formes primitives ont
établi les eaux courantes athmofphériques, lorfque les hauteurs du globe
parurent hors du fein des eaux ; toutes
les vallées de cet âge offrent des directions refpectivement divergentes, ou
quand la divergence n'eft pas parfaite,
les directions des vallées font oppofées
& inverfes.

Si quelqu'objet peut *démontrer*, dans
toute la force du terme, ma théorie de
ces vallées primitives, c'eft l'afpect de
la divergence des vallées qui partent
du mont Mezin, la plus haute montagne du Vivarais, qui donne des eaux,
par fa pente orientale, à la Méditerranée, & par fa pente occidentale à
l'océan. Voyez comment, dans cette
montagne, font imprimées les premières
excavations des vallées, qui toutes en
partent pour s'étendre dans les plaines
& pays inférieurs, dans un ordre refpectivement divergent.

J'aurois

J'aurois pu choifir ici mille pofiti-
fitions différentes pour confirmer ma
théorie : j'ai préféré celle du mont Mezin,
parce qu'il eft volcanifé , & que depuis
fon éruption & fa formation, il n'a point
été fous les eaux , n'ayant aucune des
apparences des volcans fous-marins.

Si donc le Mezin & terres volca-
nifées adjacentes font excavés de vallées & vallons ; fi ces vallées & vallons
n'ont pas été fous les eaux maritimes ; fi
les eaux pluviales & les averfes creufent
davantage fes fillons profondément imprimés , je demande fi on peut attribuer à d'autres caufes l'excavation des
vallées & la caufe de la fculpture du
globe : je préfente ce problême aux
partifans des courans fous-marins.

CHAPITRE II.

De la largeur & profondeur des vallées primitives divergentes, comparées aux vallées secondaires & tertiaires. Ces dernières sont une continuation dans l'ordre chronologique, comme dans l'ordre géographique des vallées primitives divergentes.

2547. LES vallées primitives & les vallées secondaires & tertiaires ont été formées par la même cause, quelle qu'elle ait été. Si on contestoit cette vérité, je dirois qu'il n'est aucune vallée, même tertiaire, qui ne soit une continuation des précédentes, dans l'ordre géographique, comme dans l'ordre chronologique.

Cependant les diverses espèces de vallées diffèrent relativement à leur profondeur & à leur largeur. Les vallées primitives, ont un aspect si affreux, soit des hauteurs, soit du bas-fond, qu'elles vous glacent presque d'effroi lorsque vous considérez leur immense capacité; tandis que les vallées tertiaires ne font que de petits sillons en comparaison de ces profondes crevasses.

Ce phénomène s'observe sur les hautes Alpes, sur les hautes Pyrénées & dans les Cévennes. Dans toutes les hauteurs la vallée est immense en largeur & en profondeur, tandis que la continuation de ces mêmes vallées, dans le terrein calcaire inférieur, n'offre que de petites scissures.

Ce phénomène ne peut venir ou que d'une plus grande force dans la cause destructrice, ou d'une plus longue application de ces forces, ou d'une plus grande destructibilité dans les hautes montagnes; car il est certain qu'un terrein porté à la pulvérulence est plutôt attaqué; & que plus la force est appliquée long-temps, plus l'effet est considérable.

Mais dans le cas présent, & dans la comparaison du terrein primitif au secondaire, il est constant que le ter-

rein plus moderne eſt plus deſtructible :
la roche qui réſiſte le plus à tous les
élémens c'eſt le granit, c'eſt cependant
dans les plus grandes hauteurs granitiques que ſe trouvent les plus grandes
deſtructions en largeur & en profondeur ; voyons donc ſi c'eſt une plus
grande force deſtructive.

L'eau courante, dans ces affreuſes
crevaſſes, n'eſt pas beaucoup plus active
que dans les bas-fonds plus modernes à la
vérité ; ſon lit a bien plus d'inclinaiſon,
& ſa chûte bien plus de force acquiſe &
accélérée à cauſe de cette inclinaiſon du
ſol; mais auſſi exiſte-t-il, ſur ces hauts plateaux, de profondes vallées horizontales,
toujours très-larges & très-profondes, en
ſorte que la difficulté reſte toujours à ré-
foudre : d'ailleurs ſur ces hauts plateaux
il paſſe dans le fond des vallées une petite quantité d'eau courante, tandis que
dans les pays inférieurs les grands ca-
naux ſont remplis d'eaux accumulées
qui circulent peſamment dans toutes
les vallées ſecondaires; d'où il ſuit que
la cauſe a été moins énergique, moins

active dans les vallées horizontales des plateaux supérieures ; tandis que la matière détruite a naturellement résisté davantage à sa destruction.

Si donc la matière détruite & la cause destructive ont concouru à de plus petites destructions d'un côté ; & si de l'autre le fait atteste que la destruction a été plus grande, il faudra de toute nécessité avoir recours au temps pour expliquer toutes choses, & dire que la cause destructive a été appliquée pendant un plus grand nombre d'années & de siècles. Or comme nous avons dit que les hauteurs du globe avoient été des isles, comme nous avons vu en divers lieux les témoignages d'une chûte des eaux maritimes, & un abaissement subséquent du niveau de ses eaux jusqu'au niveau actuel des mers, il suit que ce terrein primitif, ces vallées *divergentes* doivent l'emporter & en profondeur & en largeur sur les vallées *convergentes* de la seconde époque ; c'est donc encore ici un autre genre de preuves qui attestent la diminution par abaiſſement & par chûte des eaux maritimes.

Quand les chaînes de montagnes ſupérieures étoient hors du ſein des eaux, comme leur niveau ne fut abaiſſé qu'après une longue ſuite de temps, ce terrein continental fut plus long temps expoſé à l'action athmoſphérique, ce qui réſout le problême de géographie phyſique.

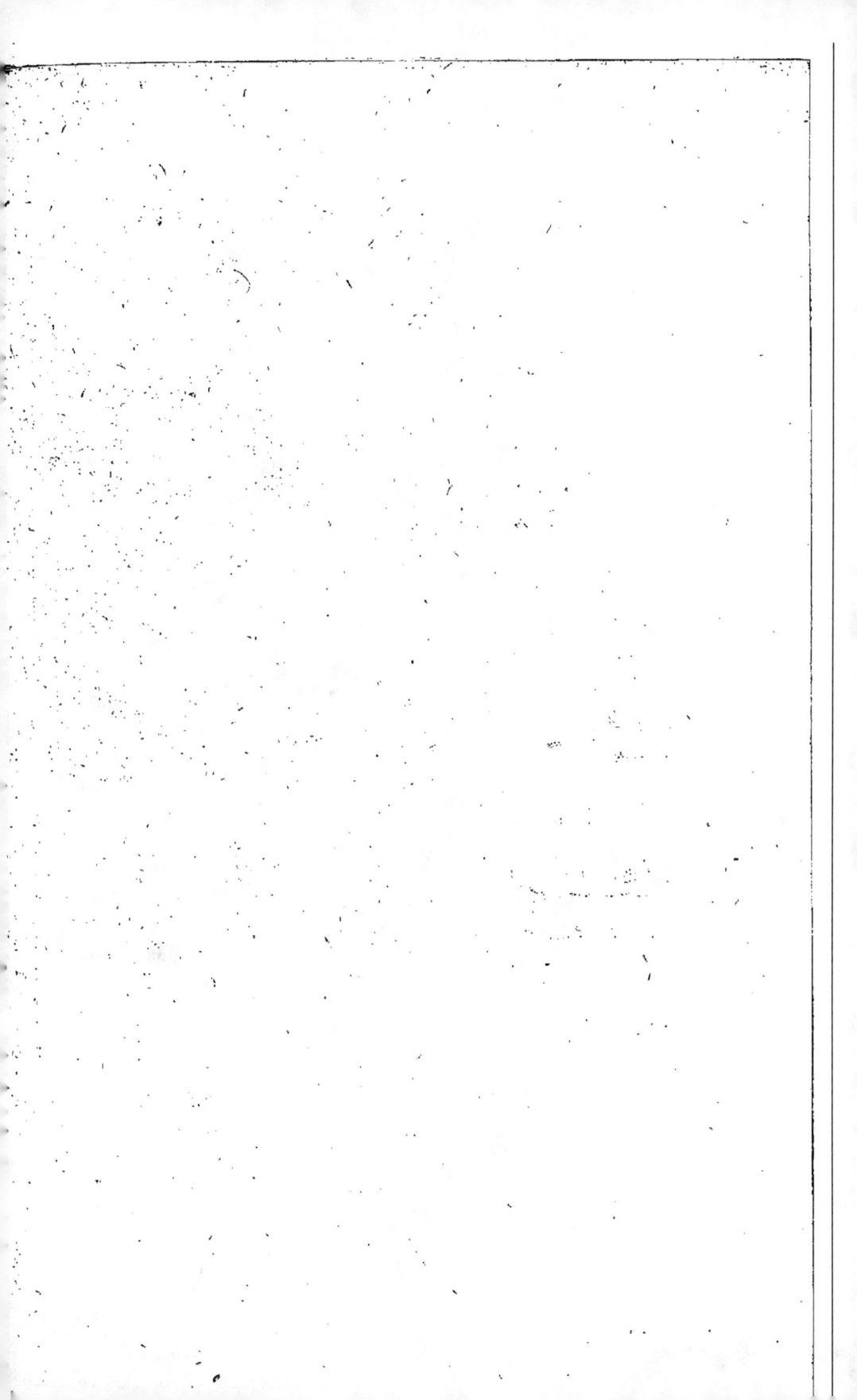

Vallées Convergentes du Second Age.

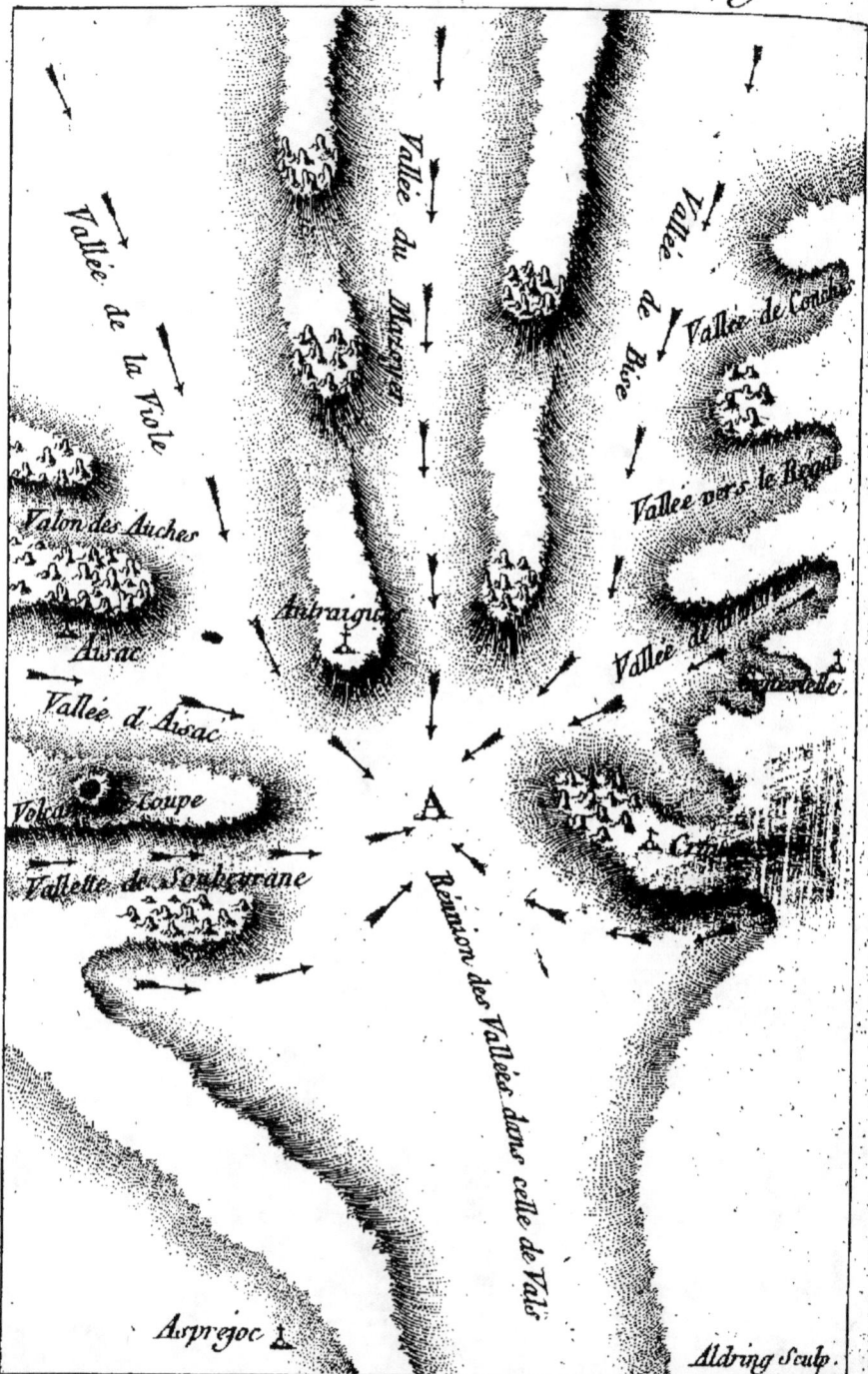

Vallée du Mazayes

Vallée de la Fiole

Vallée de Bire

Vallée de Conche

Vallée vers le Reyat

Talon des Auches

Aïsac

Antraigu

Vallée d'Aïsac

Volcan de Loupe

Vallette de Soubeyrane

A

Réunion des Vallées dans celle de Valo

Asprejoc.

Aldring Sculp.

SECOND ÂGE

DE

LA FORMATION DES VALLÉES.

Quand les eaux courantes ont formé les vallées convergentes secondaires.

CHAPITRE I.

Forme convergente des vallées du second âge. Vallées primitives en Suisse, en Vivarais, en Provence. Vallées secondaires & convergentes creusées dans les précédentes. Les vallées primitives sont contenantes; les vallées secondaires sont contenues. Preuves de leur différence. Preuves de leur succession dans l'ordre chronologique des formations. Explication de la carte d'Antraigues, où se voit la convergence des vallées secondaires.

2548. DANS ce second âge toutes formes changent, les directions ne sont

P 4

plus les mêmes, & les eaux qui se répandoient sur les hauteurs en sens *divergens*, se réunissent dans les bas-fonds en sens *convergens*, comme les vallées.

Les eaux courantes excavèrent d'abord en Suisse ces fameuses crevasses longitudinales & divergentes qui ont formé les vallées du Rhône, du Rhin, &c. & qui partent des hauteurs du S. Gothard.

En Vivarais les mêmes eaux athmosphériques rongeant le plateau granitique du grand mont Tanargues formèrent les vallées divergentes & primitives de Borne, de Valgorge, de la Souche, de Montpezat.

En Provence les eaux de la Durance sillonnèrent profondément leur magnifique vallée longitudinale aux dépens des montagnes de Lebron & aux dépens de celles du midi, du côté de Lambesc.

Toutes ces vallées appartiennent à la première époque, toutes ont été excavées d'abord par les premières eaux.

Mais quand ces vallées eurent été sillonnées de la sorte, & lorsque deux pentes eurent été établies dans la vallée qui laisse couler l'eau dissolvante & destructive à son fond, alors parut un nouvel ordre de vallées *convergentes* creusées vers le fond des primitives & dans les deux pentes latérales de la vallée longitudinale.

2549. La SUCCESSION comparée des deux genres de vallées est susceptible d'une sorte de démonstration mathématique : dans le premier genre, les vallées primitives sont elles-mêmes *contenantes*, & dans le second, elles sont *contenues* dans les précédentes.

Les premières vallées sont *contenantes*, parce que formant de vastes bassins ou de vastes crevasses profondément creusées dans le vif de la terre, elles renferment dans elles-mêmes les vallées *secondaires*, *convergentes*, *contenues* & formées postérieurement dans la pente des vallées primitives ; or comme il faut qu'il existe déjà une pente, pour qu'il y soit creusé une vallée par l'eau courante, il reste prouvé, pour établir la succession respective, que la vallée *contenante* primitive existoit déjà.

2550. La DIFFÉRENCE des deux espèces de vallées est établie par des faits aussi évidens. Dans les vallées primitives la direction est respectivement *divergente*, & dans les vallées secondaires la direction est *convergente*. Les vallées primitives sont *contenantes*, & les vallées secondaires sont *contenues*. Ainsi quandl'eau courante pluviale eut imprimé dans la roche l'immense sillon longitudinal du Valais formé de deux sortes de pentes ; savoir, la pente aquatique, selon le courant du Rhône, & les pentes latérales qui forment le berceau du Valais, alors furent creusées, dans les pentes latérales, les vallées secondaires des rivières qui se jettent dans le Rhône.

Quand la Durance eut excavé un lit dans le vif des roches & formé la vallée qu'on voit s'avancer sur - tout d'Orgon jusqu'à Pertuis, & quand elle eut formé fes deux pentes latérales , alors les vallées fecondaires, *contenues & convergentes* , de Pertuis où coule l'Aife , le Merdaric , le Val , l'Aigrebron & le Saba dans la pente latérale du nord , & les vallées de Mérargues , Valfer , S. Jean & Rogne , &c. furent excavées dans un âge plus récent.

En Vivarais, quand les eaux pluviales eurent creufé la vallée de Mayres , felon le courant des eaux de la rivière , les eaux du fecond âge, (en fuppofant l'exiftence de cette vallée antérieure & primitive) creusèrent les ravins latéraux : & ainfi de toutes les efpèces de vallées fubalternes du globe , auxquelles on pourra appliquer mes principes & chacune des conféquences qui en découlent naturellement.

2551. Mais on doit obferver ici que les formes de convergence ne font point par-tout géométriques ; fouvent une roche plus dure a fait placer plus loin la vallée fecondaire ; mais les exceptions offrent elles - mêmes un autre genre de preuves à mes principes ; elles

les confirment, puisque, sans l'obstacle
la nature des pentes détermine nécessairement la *convergence*.

Enfin la *convergence* elle-même n'est
point géométriquement parfaite ; car
les vallées *secondaires* , *latérales* , con-
vergentes & *contenues* ne coupent point,
à angles droits, le courant du bas-fond
de la vallée, excepté à Antraigues, en
Vivarais où la *convergence* est aussi
parfaite qu'on puisse l'imaginer : on peut
en juger au seul aspect de la carte que
j'en donne ici.

2552. Antraigues, comme l'annonce
son nom , est placé au confluent de
toutes les eaux. Vers le milieu du
fond de la vallée se dirigent neuf ou
dix vallées secondaires, 1°. la vallée
de la Viole ; 2°. la vallée du Mas ou
Mazoyer ; 3°. la vallée de Bise ;
4°. la vallée qui descend du côté Conchis ; 5°. la vallée qui verse vers le
Régal ; 6°. la vallée de la Motte qui
se dirige vers Pascalon ; 7°. la vallée
où ravin qui se creuse entre le Volcan
de Craux & la roche granitique mé-

ridionale ; 8°. le vallon des Auches ; 9°. la vallée d'Aizac, au fond de laquelle a coulé la lave bafaltique de Coupe ; 10°. à la vallette de Soubeyrane. *Voyez la Carte de ces vallées convergentes, marquées par des fléches dont toutes les pointes femblent coincider vers le point A, qui eft le rendez-vous de toutes les eaux.*

CHAPITRE II.

Du système de Sulzer, de l'Académie de Berlin, sur les lacs. Ce système ne peut être général ; les bassins des rivières ne peuvent avoir été des lacs : l'inclinaison constante des chaînes environnantes vers l'embouchure, éloigne cette idée.

2553. CES observations locales dont résulte un grand principe de géographie physique, sur les *contenans* & les *contenus*, annoncent que le système des lacs de M. Sulzer de l'Académie de Berlin, n'est point établi sur des faits mûrement examinés.

Cet Académicien dont on veut bien adopter le système, sans en faire honneur à son inventeur, croyoit que les grandes chaînes de montagnes étoient par-tout fermées, que les grands bassins où aboutissent des vallées, étoient des lacs qui s'ouvrirent des passages successivement ; les eaux emportèrent beaucoup de terre, de pierres & de fable qui formèrent les plaines, comblèrent des lacs, & les créatures marines reftèrent en dépôt avec & dans les carrières, fur les hautes montagnes.

Une feule obfervation renverfe ce fyftême purement idéal. Pour que les baffins qui font environnés de montagnes & ouverts feulement vers leur embouchure par où s'écoulent ces eaux, fuffent jadis des lacs, il faudroit fuppofer une horizontalité plus ou moins parfaite dans les parois de ces baffins, ou dans les chaînes des montagnes environnantes.

Or ces chaînes de montagnes que Sulzer dit avoir été les parois du baffin, au lieu d'avoir des avancemens horizontaux, n'ont que des chûtes vers leur ouverture, en forte que les baffins ne font qu'un vide formé entre deux chaînes qui partent des hauteurs des montagnes primitives, & viennent fe perdre dans la plaine de beaucoup inférieure. Ces chaînes ne font pas de niveau, elles n'ont donc pas fervi de baffin? cette inclinaifon univerfelle de

tous les baſſins, éloigne l'idée des lacs,
& comme d'ailleurs il eſt prouvé par
toutes les obſervations de divers ordres
que j'ai établis juſqu'ici que ces profondes vallées, ou ſciſſures, ou baſſins,
ont été creuſés par les eaux pluviales
courantes, il reſte prouvé auſſi que ces
lacs ſont une pure invention chimérique;
car les eaux courantes ne peuvent ni être
eaux courantes, ni lacs en même temps.
Il reſte à dire pour confirmer ces vûes,
que les parois de ces anciens lacs n'exiſtent plus & qu'il n'en exiſte plus aucun
veſtige; mais une ſuppoſition arbitraire
ne ſera jamais le fondement d'un fait
général qu'on deſire d'établir : il réſulte
donc que le ſyſtême des lacs de Sulzer
n'a pu ſe ſervir des chaînes qui ſépa-
rent les baſſins des rivières pour y établir des parois à ſes lacs, & qu'il n'a
pu imaginer des chaînes, aujourd'hui
détruites, pour expliquer d'autres faits :
le ſyſtême des lacs établis ſur la terre
doit être entendu avec poids & meſure; il n'en exiſte ſans doute, ſur la ſurface du globe, & nous verrons dans la
ſuite

fuite leur théorie, & les loix de leur conſervation. Leur baſſin eſt ſtable, tandis que les baſſins des rivières forment le récipient incliné.

Il arrive néanmoins, à la vérité, que de profondes & larges vallées ſe changent en lac; ce fait s'obſerve toutes les fois qu'une vallée latérale verſe une plus grande quantité d'aterriſſemens que la vallée majeure qui les reçoit: c'eſt ainſi que le lac de Genève a été formé. Un amas de terres mouvantes a été porté en-deſſous du lac, comme je le prouverai en ſon lieu; mais ces ſortes de phénomènes iſolés ne tiennent point aux opérations générales de la nature, & ne peuvent ſervir de principes à une théorie du globe auſſi étendue que Sulzer l'a prétendu, quoique cet Académicien ait été doué d'ailleurs de beaucoup de ſagacité & d'intelligence. En ſorte que pour ſoutenir ce ſyſtême, il faudra varier encore à meſure que les Obſervateurs de la nature multiplieront les faits relatifs à la géographie phyſique du globe terreſtre.

Tom. VI. Q

CHAPITRE III.

Objections & réponses, contre le système des cailloux roulés, dont la chûte occasionne les vides des vallées. Variation de l'Auteur & de ses objections, selon les circonstances. Réponses.

AVANT de passer aux vallées de la troisième époque, nous devons répondre ici à trois objections d'un même Auteur, qui tantôt n'a pas cru, & tantôt a cru que les eaux courantes athmosphériques avoient formé les cailloux roulés, & arrondis par le frottement.

Ire. OBJECTION. Elle nous présente les cailloux roulés qu'on trouve le long des rivières & des fleuves, ou qui sont stationnaires & immobiles dans des lits anciens fluviatiles. On a assuré, sans preuve, dit-on, *que ces cailloux roulés avoient été formés sur les lieux, d'une manière spontanée, & par une sorte de végétation lapidifique.*

Rép. Avant qu'on publiât mes obſervations récentes faites dans le lit des fleuves & des rivières, on avoit tenté de renouveller ce vieux ſyſtême de Peyreſc, célèbre Provençal échauffé de l'aſpect de la plaine de la Craux, qui crut que le limon du Rhône répandu dans la Craux s'y étoit converti en cailloux.

Quelques connoiſſances les plus triviales en minéralogie, & même en phyſique, ſuffiſent pour confondre ce ſyſtême. Un lit fluviatile de cailloux roulés, offrant des granits, des grès, des marbres roulés, uſés & polis par le frottement, annonce des échantillons enlevés par les eaux aux terreins divers, d'où deſcendent les rivières & les fleuves.

II.ᵉ Objection. *Les Naturaliſtes qui prétendent que les cailloux ſont polis & ſans angles, parce que les eaux les roulant, ils ſe ſont uſés, devroient nous en montrer avant qu'ils fuſſent uſés.*

Cette ſeconde objection, peu digne de nous arrêter, réclame l'état intermédiaire de la pierre qui paſſe de l'état

Q 2

brut à celui de caillou roulé, ou de
l'état de débris de roche à celui d'aterriſſement fluviatile. Mais ſi l'Auteur,
lorſqu'il a écrit cette objection & la
ſuivante, avoit obſervé ſur les ſommets
des montagnes les débris encore bruts
des roches nues, détachés par les gelées,
par les eaux, & par un grand nombre
d'autres agens, il eût reconnu les maté-
riaux primitifs des lits des fleuves & des
rivières, que les averſes entraînent, &
que les frottemens atténuent, changent
en pierres arrondies, & en galets.

IIIᵉ. Objection. *D'ailleurs lorſqu'ils*
(*les Naturaliſtes*) ſuppoſent *que les cail-*
loux des rivières viennent des montagnes
par les torrens, ils ne devroient plus dire
qu'ils ſont polis par les eaux courantes,
puiſqu'on les trouve polis ſur les mon-
tagnes.

Cette objection eſt plus ſpécieuſe,
l'Auteur qui avoit vu ſur les hauteurs
de quelques collines des poudingues &
cailloux roulés, croyant toujours, comme
Peyreſc, que les cailloux étoient un
ouvrage ſpontané de la nature, & ne

voyant point des eaux courantes sur les
fommets des montagnes, concluoit bon-
nement que les rivières n'avoient pu
polir les cailloux ftationnaires.

Les dernières obfervations faites dans
nos provinces méridionales, qui ont été
décrites dans les deux premiers volumes
de cet Ouvrage, & dans mon Prof-
pectus ou Difcours préliminaire, publié
en Janvier 1780, ont montré d'anciens
lits de rivières fort élevés au-deffus du
courant actuel, qui creufant toujours
la roche vive, a délaiffé fes anciens déblais ftationnaires à différentes hauteurs.

Ces trois objections font peu dignes
de remarque, & les perfonnes qui fa-
vent que leur Auteur les a écrites de fa
main au commencement de 1780, font
furprifes qu'il fe foit donné la peine de
faire imprimer fix mois après, que fes
voyages lithologiques lui ont infpiré que
les rivières & autres eaux courantes, en
fillonnant le globe de mille façons diffé-
rentes, ont produit les excavations & les
aterriffemens que nous voyons par-tout.
Voyez à ce fujet le Difcours préliminaire

Q 3

de l'Hiſtoire Naturelle de la France méridionale, en forme de Proſpectus, publié
en Janvier 1780, & Tome IV, page 69,
& ſur-tout pages 80 & 81, §. 1678 &
1679). Enfin voyez, Tome 2, pages 12
& 13.

Cette variation n'annonce point un
Obſervateur de bonne foi avec lui-
même.

TROISIEME ÂGE
DE
LA FORMATION DES VALLÉES.

Quand les eaux courantes ont formé les vallées tertiaires dans les aterrisse-mens.

CHAPITRE I.

Nature & caractère du sol qui contient les vallées. État de l'athmosphère dans les plaines des fleuves. Élévation de ce sol mouvant. Embouchure des fleuves bif-furquée. Fertilité de ce sol. Couches d'argile. Genres des cailloux qui dominent dans les fleuves de la France : les vallées tertiaires sont contenues dans ce sol, vrai débris des montagnes : jonction des époques précédentes à celle-ci. Résultats.

2553. AINSI les diverses modifications de l'athmosphère détruisent sans

Q 4

cesse la surface du globe, & chaque caillou roulé, entraîné des montagnes supérieures, y laisse un vide qui agrandit les vallées de la première & seconde époque.

Ainsi le froid & le chaud successifs, le sec & l'humide, le calme & le vent, les principes de l'argilification, &c. tendent à détruire les montagnes, & les édifices de la nature ; comme ceux de l'homme, ils cèdent, à la longue, aux coups du temps, ils pulvérisent les masses les plus solides, & les eaux pluviales en deviennent les voitures de transport, en entraînant les déblais dans les bas-fonds, dans tous les lieux inférieurs, & vers les embouchures des rivières & des fleuves dans la mer.

2554. Tous ces déblais forment les plaines des fleuves : c'est à ces opérations qu'on doit attribuer les plaines du Rhin, de la Seine, du Rhône, de la Loire & de la Garonne vers leurs approches de la mer.

Ces déblais ont formé le Delta de la basse Egypte, la Craux, & la Camargue du Rhône, les aterrissemens du Pô vers le Golfe de Venise, & le sol mouvant & sabloneux des Pays-Bas.

Les affections de l'athmosphère dans les plaines inférieures sont remarquables; l'air y est plus dense, plus humide, plus chaud; l'évaporation de l'eau y est plus considérable, les bas-fonds souterreins sont tous inondés d'une eau qui ne circule pas; & dans toutes les plaines inférieures semblables, il suffit de creuser quelques pieds pour y trouver de l'eau; le terrein y est mouvant, les tremblemens de terre y sont peu ou point sensibles, & les orages ne s'y font sentir que lorsque les pays montagneux, où ils se forment, les renvoient vers la plaine.

2555. Ces plaines inférieures s'élèvent par le transport de nouveaux déblais, sans cesse transportés des lieux supérieurs: on a vu en Egypte, sous Pline le Naturaliste, des statues colossales encore alors en place, enfouies sous les sables du Nil: Pline assure, L. XXXVII, Ch. 12. que la hauteur d'une statue étoit de cent quarante trois pieds, & que la tête

feule avoit cent deux pieds de circonférence. Ainfi le Nil avoit charié dans
fon ancien lit, depuis l'érection de cette
ftatue, un déblais d'environ cent pieds
de hauteur : ainfi les voyageurs ont
trouvé dans la mer , à vingt lieues
de diftance du Nil, par la fonde, les
aterriffemens de ce fleuve.

2556. L'embouchure des fleuves a
caufe de l'horizontalité de la plaine
qu'ils parcourent , eft biffurquée en
deux , trois , vingt , trente branches.
Le Volga a plus de foixante-dix embouchures dans la Mer Cafpienne , le Da-
nube en a fept dans la Mer Noire , &
le Nil en a deux qui forment le Delta.

2557. Comme le terrein des grandes
plaines eft un réfultat, un compofé de
tous les terreins montagneux entraînés
par les eaux ; & comme d'ailleurs tout
terrein formé de parties hétérogènes eft
très-favorable à la végétation , il fuit
que ces plaines inférieures font très-fer-
tiles: les plaines du Rhône , de la Loire
& de la Garonne produifent feules
tout le bled néceffaire à la France; &

Paris, le goufre qui engloutit tant de richeffes, ne pourroit fubfifter fans l'extrême fertilité de la plaine de la Seine, qui s'étendant à vingt lieues à l'entour, eft feule capable de fournir à près d'un million de citadins à Paris, & à autant d'habitans de cette immenfe & magnifique plaine. Rome tiroit fes bleds de la plaine du Nil en Egypte.

2558. Comme les laves ont leurs argilifications particulières, obfervées d'abord, par M. Hamilton, par M. de Faujas, & confirmées dans plufieurs endroits de cet ouvrage ; comme les pierres coquillières s'argilifient auffi, d'une autre manière particulière, ainfi que je l'ai découvert ; & comme dans les roches granitiques, il y a une deftruction ou altération analogue, on a obfervé de même dans les plaines fluviatiles, des lits immenfes de terre argileufe, qui doivent leur formation au dépôt de ces fleuves, qui ayant balayé les terres argileufes montagneufes, & les ayant dépofées, en ont formé des couches vaftes, horizontales, & fouvent profondes.

2559. C'eſt ainſi qu'on peut expliquer la formation de ces couches immenſes argileuſes qui règnent dans la plaine du Rhône dans divers endroits : des pyrites toutes hériſſées de pointes s'y trouvent fréquemment ; ce qui porte a croire que cette ſorte de cryſtalliſation s'eſt opérée après la formation du dépôt ; car la force truſive des matières entraînées en eût émouſſé les angles, ſi les eaux avoient entraîné les pyrites avec la boue argileuſe.

Ainſi il eſt évident que la pyrite eſt dans pluſieurs endroits une production très-récente dans l'ordre chronologique des faits de la nature.

L'argiliſification eſt donc un phénomène de tous les temps, puiſqu'elle paroît dans les anciennes productions comme dans les modernes ; elle eſt de tous les lieux, puiſqu'elle ſervoit dans le ſol calcaire, volcaniſé & dans les aterriſſemens ; c'eſt donc un phénomène dans la nature dont dépend une ſuite de phénomènes néceſſaires à la formation des vallées du globe terraqué.

2560. En France les quatre grandes plaines des quatre grands fleuves qui l'arrosent, offrent plusieurs singularités dans les pierres roulées, & les sables entraînés & déposés; dans le Rhône, un quartz sabloneux & granitique est le restant de la destruction des montagnes, qui a le plus résisté.

Dans la plaine de la Loire ce sont les granites & les laves compactes basaltiques qui dominent.

Dans la plaine du Rhin, ce sont des galets de figure ronde, ou ovale, d'un beau cristal de roche.

Dans la Seine, ce sont des matières silicées.

Mais ces plaines se ressemblent toutes pour les grands ensembles : par-tout le sol est peu incliné ; par-tout il est mouvant ; par-tout les fleuves ont de larges embouchures biffurquées, les eaux ne tombent plus dans la mer par sauts ni cataractes ; elles parcourent ce sol mouvant avec une lenteur singulière, relativement aux forces accélérées des rivières montagneuses.

2561. Voilà la nature du sol dans lequel les fleuves ont creusé les vallées tertiaires; il a fallu rappeller que ce terrein étoit un débris des montagnes supérieures, pour prouver la succession chronologique, & donner la troisième place dans l'ordre des temps à ces vallées plus récentes. Ainsi quand les eaux eurent, au détriment des montagnes, formé ce troisième sol, l'excavation de ce sol donna les vallées de la troisième époque; ainsi le lit de la Seine enclavé dans un sol mouvant, est une vallée de la troisième sorte ou de la troisième époque.

2562. Joignons donc cette troisième formation aux précédentes, & montrons comment ces trois opérations sont successives respectivement.

Les vallées divergentes ont parti d'abord d'un lieu plus élevé vers des lieux plus bas; les eaux sillonnant le globe, ont formé de vastes excavations longitudinales.

2563. Dans ces vallées ont été creusées des vallées latérales secondaires

Les premières étoient *contenantes*, & les secondes *contenues*.

Les unes & les autres n'ont pu être creusées, que l'eau courante n'ait voituré leurs déblais dans les bas-fonds.

2564. Dans ces déblais inférieurs ont été creusées des excavations tertiaires ; en forte que la succession de ces trois opérations ne peut être prouvée avec plus de vraisemblance ni plus de philosophie ; & comme ces trois opérations distinctes sont séparées par des espaces de temps, il suit que la feule succession de plusieurs siècles a pu sillonner le globe, déterminer sa sculpture & établir ses formes géographiques.

2565. Les vallées tertiaires ont des formes particulières & exclusives : on ne voit ici ni *convergence* ni *divergence* ; la direction de ces sortes de vallées est en général directe, & tend vers la mer ; elle coupe ordinairement à angles droits ses bords ou la côte qui la sépare du continent.

Mais dans la plaine, sur-tout si elle s'approche de l'horizontalité, la vallée

qui contient les eaux, est souvent en zig-
zag ; car une simple carrière de marne
ou de grès la fait dévier & former des
détours à droite ou à gauche, ou même
tout à l'entour, comme il est arrivé à
la Seine qui baigne plusieurs langues
de terre rentrantes & saillantes.

2566. Il résulte cependant de toutes
ces observations, 1°. que la formation
des vallées est différente de la formation des montagnes. La formation d'une
vallée est une destruction ; & la formation primitive d'une montagne, est
une sorte de création, vérité qu'on n'a
point reconnue, & qui a fait commettre
bien des erreurs en géographie physique ;
les formes & la formation sont donc deux
objets essentiellement différens dans
le présent article : (*voyez l'Histoire naturelle les embouchures du Rhône, tom. V.*)

Il résulte, 2°. que des inondations
transitoires n'ont pu excaver les vallées,
puisque ces célèbres inondations n'ont
ni des courans dirigés comme ces vallées de trois époques, ni des périodes
réglés pour en établir la succession.

Il

Il réfulte, 3°. que la même mer qui a formé les roches coquillières, n'eft point la mer qui a formé les cailloux roulés coquilliers; car la formation d'un caillou roulé annonce une matière déjà pétrifiée.

Il réfulte, 4°. que la même mer qui a formé les roches coquillières n'eft point, à plus forte raifon, l'élément qui a creufé des vallées dans les amas de cailloux roulés de pierre coquillière.

Il réfulte, 5°. que la marche des lits des rivières ou des aterriffemens eft comme celle des eaux d'un canal, foutenues par des éclufes, ce qui refte à prouver dans le chapitre fuivant.

Il réfulte, 6°. enfin que les continens font comparables à une ftatue à laquelle on ne donne des formes faillantes, obtufes, ou fillonnées qu'en enlevant des parties intermédiaires: la feule correfpondance des couches fuffit pour démontrer ce réfultat.

Voyez, dans le *Tome V* de cet Ouvrage, l'*Hiftoire naturelle des embouchures du Rhône.*

Tom. VI. R

CHAPITRE II.

De la marche des aterriſſemens dans les trois eſpèces de vallées.

2567. IL eſt des circonſtances remarquables dans leſquelles les eaux courantes ne creuſent point le vif des montagnes.

Dans la formation des vallées de la première époque, l'eau parcourant un terrein incliné, forma des vallées inclinées, comme le ſol fondamental, dans lequel elles furent imprimées.

2568. Les déblais furent portés dans les bas-fonds: alors ce terrein s'éleva & l'eau ne creuſa plus dans ce bas-fond, le vif de la roche terreſtre.

Ce terrein moins haut ſe diſpoſe à l'horizontalité, les rivières qui ſe jettent dans les fleuves, dont le lit s'eſt élevé, élèvent elles-mêmes, par une ſuite néceſſaire, leurs lits. Alors le vif de la roche n'eſt plus creuſé & les paſſages s'obſtruent.

Ce phénomène s'obſerve dans deux lieux différens en Vivarais : le Rhône ayant élevé ſon lit, par la ſuperpoſition périodique de nouveaux déblais, a fait qu'Ardèche , & Eſcoutay près de Viviers, ont élevé auſſi leurs lits , qui n'ont pu verſer dans le lit du Rhône devenu ſupérieur.

2569. Ainſi le lit d'Eſcoutay a été tellement exhauſſé , que bientôt il comblera entièrement un pont bâti, il y a quatre à cinq cents ans.

Pour rompre cette réciproque *contranitence* des aterriſſemens, pour déſobſtruer toutes choſes , il faudroit que le Rhône , vers ſon embouchure dans la mer, y verſât une partie des déblais qui y ſont entaſſés , alors ſes eaux courantes entraîneroient le terrein mouvant vers le lieu le plus bas, le lit s'abaiſſeroit , & l'Eſcoutay verſeroit ſes aterriſſemens.

2570. Alors les anciens niveaux ſeroient rétablis , les piliers du pont enfouis ſeroient délivrés , & les verſemens ſeroient inclinés comme autrefois.

R 2

Une obftruction locale femblable
fuffit pour arrêter dans toute une vallée, à la longue, la progreffion naturelle des aterriffemens ; car toute
la fuite de laterriffement fe foutient
d'une manière inconcevable. J'ai vu
des Maçons enlever tous les cailloux
roulés d'un canton près de l'Argentière;
après l'inondation fuivante, les vides
furent rétablis.

Ainfi le lit du fleuve une fois élevé,
il élève le lit de la rivière latérale;
le lit de la rivière latérale néceffairement élevé, fait élever lui-même le
lit du ravin, le lit du ravin opère lui-
même le même effet fur le lit du tor-
rent, & ainfi de toutes les fortes de ra-
mifications de vallées.

Ainfi les aterriffemens fufpendent
ou augmentent la force deftructive de
l'eau qui ronge & attaque fans ceffe
le fond des vallées & le vif de la
roche dans laquelle elles font creufées.

Mais pendant cette fufpenfion l'eau
courante détruit toujours ; elle allège
les cailloux, les ufe, les pulvérife,

les atténue davantage, & expofe à une plus grande mobilité la maffe mobile : ainfi, même dans la fufpenfion de ce grand phénomène, les vallées perdent toujours.

R 3

CHAPITRE III.

Observations sur des arbres enfouis sous l'Ecole Militaire, & trouvés pendant l'excavation d'un puits. Observations sur les pierres coquillières de Passy. Problême proposé par M. de la Tour sur ces deux genres d'observations combinées. Vérités & principes préliminaires pour la solution du problême. Solution du problême proposé. Récapitulation des phénomènes selon leur succession chronologique.

Tous ces objets si importans dans la géographie physique du globe nous conduisent naturellement à une question liée à la théorie de la formation des plaines arrosées par les fleuves, & sur-tout à la formation de la magnifique plaine de Paris, qui n'est qu'un amas de dépôts de terres mouvantes, & d'une infinité de lits superposés par la rivière qui a passé à droite & à gauche, & qui a dépofé tout ce vafte déblais des hautes montagnes après la fucceffion des fiècles néceffaires à cette opération.

En creufant le puits de l'Ecole Militaire, on trouva un arbre droit & pétrifié; M. Gabriel en a long-temps confervé une branche groffe comme le bras.

Le lieu fouterrein où cet arbre fut trouvé, étoit à quatre-vingt-deux pieds de profondeur fous le lit de la Seine, & la quantité d'eau qui furvint, empêcha les ouvriers de pourfuivre l'excavation. PREMIER FAIT.

M. Muffard, habitant à Paffy, dans la maifon qu'occupe aujourd'hui Madame de Bauffremont, ayant acquis un terrein des Bons-Hommes, en augmenta fon jardin. Pour l'applanir, il fit enlever des terres; mais ce bouleverfement lui fit découvrir des amas de coquilles, la plupart entières : quelquesunes étoient pétrifiées, d'autres avoient feulement un noyau, & les parois de la pierre contenante étoient pétrifiés.

La pierre qui les contenoit étoit élevée de plus de soixante pieds au-dessus du niveau moyen de la Seine.

M. Moussard ayant parcouru les diverses côtes de France, d'Angleterre & une partie des côtes d'Espagne, ne trouva aucune coquille analogue à celles qu'il avoit découvertes à Passy ; mais des Officiers revenus de Pondichéry témoignèrent que ces fossiles de Passy étoient de la même famille qu'une infinité de coquilles qu'ils avoient trouvées sur les côtes de Coromandel.

SECONDE OBSERVATION.

Voilà deux faits de la nature intéressans & avérés ; l'existence d'une production végétale enfouie à quatre-vingt-deux pieds au-dessous de la Saine, & des coquilles marines à Passy, trouvées dans une roche solide à soixante pieds au-dessus de son niveau. D'après ces observations, on peut exposer de la sorte le problême qui suit.

PROBLÉME.

LES productions du règne végétal étant si profondément enfouies , & les productions de la mer étant si élevées , dans des lieux aussi voisins que Passy & l'Ecole Militaire , quelle place tient la formation des bois fossiles dans l'ordre chronologique , relativement aux coquilles fossiles ? La mer a-t-elle formé les dépôts de Passy , & délaissé des coquilles avant ou après que le règne végétal eut fleuri dans le terrein enfoui qui est sous l'Ecole Militaire ?

PRINCIPES DE GÉOGRAPHIE PHYSIQUE PROUVÉS DANS CET OUVRAGE, ET NÉCESSAIRES A LA SOLUTION DU PROBLÊME.

Ce problême a été proposé par M. de la Tour, Peintre du Roi, de l'Académie de Peinture, Membre de celle des Sciences, Littérature & Arts d'Amiens, dont on connoît les talens à exprimer le génie , le caractère & les mœurs des grands hommes de ce siècle dont il a fait les portraits. Pour le résoudre ,

il faut rappeller ici les vérités de réfultat que mes obfervations m'ont permis d'expofer dans plufieurs endroits
de cet Ouvrage ; ces vérités de réfultat , font les vérités primitives de
la préfente queftion.

1°. Quand la nature a formé les
carrières diverfes qui compofent nos
continens, elle n'a point créé les fubftances par parcelles , ni en petit. Mais
les montagnes fchifteufes ont été créées
d'une manière fimultanée avec les
fchifteufes , les grès avec les grès , les
granits avec les granits ; en forte que
chaque production eft l'ouvrage du
même temps , de la même époque ,
de la même caufe & des mêmes loix.

2°. Ainfi les couches interpofées de
marne & de plâtre de Mefnil-montant , & les couches de marne & de
plâtre de Montmartre , de Chaillot &
de Paffy , &c. ayant des correfpondances frappantes & des propriétés analogues , font l'ouvrage fimultané du
même agent & de la même caufe ;
les vallées , les vides , les efcarpemens

qui féparent cette fuite de montagnes à couches correfpondantes, font un ouvrage poftérieur ; car il faut qu'une roche exifte avant qu'elle foit fillonnée, coupée, rongée, &c.

3°. Ainfi cette ouverture faite entre Mefnil-montant & Montmartre eft poftérieure à la formation de cette fuite de dépôts fuperpofés qui formoient les couches du bas-fond des eaux de la mer ; les chûtes de terrein, & les coupes perpendiculaires de Montmartre & de Paffy, faites par les hommes, ou par les eaux, font un ouvrage ultérieur & fubféquent formé après tous ces dépôts déjà exiftans.

4°. Il eft prouvé que la plaine de la Seine eft un aterriffement de cette rivière. C'eft un amas des débris des montagnes fupérieures détruites par l'eau athmofphérique qu'elle charie fans ceffe & qu'elle a chariés autrefois ; en forte que depuis le fond du puits de l'Ecole Militaire jufqu'à la fuperficie du fol, on ne voit que des fuperpofitions de lits fur des lits accumulés

par une fuite de milliers d'années néceffaires à ces opérations.

5°. Cet immenfe aterriffement eft un
affemblage informe & confus de fablon
quartzeux, de petit gravier calcaire,
de fchiftes, de granits, parmi lefquels
dominent les débris des matières filicées qui ont réfifté plus que les autres : en forte que la plaine de la Seine
a été élevée aux dépens de plus de
mille montagnes du Morvant & autres
de la même chaîne.

6°. Le fol du lit mouvant de la Seine
eft donc une matière *détruite* ?

7°. D'autre part, la roche coquillière de Mefnil-montant, de Montmartre, de Chaillot & de Paffy eft une
roche *à détruire*. L'état comparé du
fol de l'Ecole Militaire & des couches
précédentes annonce donc que l'aterriffement eft ultérieur dans l'ordre
des temps & a été formé après l'exiftence des roches, foit coquillières, foit
granitiques, dont il eft le produit. Ainfi
le caractère du fol & fa nature donnent l'antériorité aux roches de Paffy

ur les aterriffemens accumulés de l'E-
cole Militaire.

8°. La forme de ce fol annonce
de même la préexiftence de ces roches :
car les loix des fluides nous apprennent
qu'une vafe liquide & auffi liquide que
la vafe coquillière de Paffy, qui a pé-
nétré dans les plus petits interftices des
coquilles qui ont été la plupart pétrifiées, fe difpofe à l'horizontalité.

Cet état de cette vafe eft prouvé
d'ailleurs par le fait ; car en confidérant
les couches, on trouve une parfaite
horizontalité ou une inclinaifon peu
confidérable.

Ainfi les larges couches hétérogènes
de marne, de plâtre ou de roche coquillière qui s'étendent de Montmartre
vers Chaillot & Paffy, annoncent que
dès leur formation elles s'étendoient
auffi vers la Seine ; un fédiment fluide
n'eft point délaiffé par les eaux, ni
en état de pic, ni en état de coupe
perpendiculaire : il manque donc une
portion de ces couches.

9°. Et comme nous voyons que

les eaux fluviatiles font, dans la suite des fiècles, & le principe diffolvant, & le principe entraînant de toutes les roches de la terre, il refte prouvé que les eaux courantes ont déblayé ces terreins, formé ces coupes prefque perpendiculaires.

10°. Ainfi comme il fut donné aux eaux de la mer de former des dépôts & de délaiffer des coquilles pour témoigner à jamais cet événement phyfique, de même il fut donné, après l'éloignement de la mer, aux eaux fluviatiles de détruire cet ouvrage, & de le couper dans la direction des courans des eaux fluviatiles.

11°. Ainfi les aterriffemens fluviatiles, débris de ces deftructions, témoignent, de leur coté, la *deftruction*, comme les coquilles témoignent la *formation* de ces roches calcaires antérieures.

De toutes ces vérités il fuit, 1°. que l'aterriffement de l'Ecole Militaire n'eft qu'un débris de montagne; donc il exiftoit des montagnes folides avant l'aterriffement mouvant inférieur;

Il fuit 2°. que c'eſt en partie un débris de montagnes coquillières ; donc la mer avoit dépoſé, avant la formation de l'aterriſſement, ſes coquillages ;

Il fuit, 3°. que cet aterriſſement eſt un déblais de roche coquillière à foſſiles maritimes ; donc la mer a exiſté en ce lieu avant la formation de ces aterriſſemens ;

Il fuit, 4°. que la loi des fluides apprend que les couches jadis fluides de Chaillot, de Montmartre & de Paſſy devoient être en largeur ce qu'elles ſont en longueur ; donc les coupes perpendiculaires ou inclinées de Paſſy & de Chaillot ont eu lieu après la formation des couches ;

Il fuit, 5°. que les coupes perpendiculaires ont été faites par les eaux courantes, puiſque le lit des eaux courantes fluviatiles témoigne la force deſtructive de l'eau ; donc la Seine rongeant tous les terreins, a coupé les couches correſpondantes ;

Il fuit, 6°. que de nouvelles averſes accumulent de nouveaux lits ; donc la ſuite des inondations apportant une nouvelle couche, a élevé, dans la suite de plusieurs milliers d'années, le sol qui étoit végétal, bien au-dessous de l'Ecole Militaire ;

Il suit, 7°. que les eaux courantes athmosphériques ont une double force, celle d'attaquer les roches, & celle d'en porter les déblais dans les bas-fonds ; donc la roche de Passy a été d'abord coupée, & ses déblais ont été emportés dans la mer ; comme la plaine de la Seine (étant elle-même un bas-fond, respectivement aux montagnes du Morvant,) est devenue le réceptacle de leurs débris, qui ont rempli un bas-fond de plus de quatre-vingt pieds de profondeur.

Donc on peut trouver des arbres pétrifiés à quatre-vingt pieds au-dessous de la Seine.

RÉCAPITULATION

Des faits dans leur ordre chronologique.

La mer forma d'immenses couches coquillières, & déposa ses coquilles ;

Elle se retira ;

Le

Le fol fut abandonné aux eaux pluviales ;

Ce nouveau continent fut fillonné de vallées par les eaux continentales ;

Les couches fuperpofées furent coupées, & les roches de Montmartre & de Paffy, autrefois bas-fonds de mer, devinrent des collines faillantes & continentales coupées à pics.

Les débris de cette fculpture furent portés dans la mer par les eaux courantes ;

La végétation s'empara de tous les lieux ;

Les débris de la fculpture des montagnes fupérieures remplit à la longue tous les bas-fonds, & les profondeurs de l'Ecole Militaire furent enfouis ; dernière vérité prouvée par l'excavation d'un puits.

Donc les roches coquillières de Paffy ont préexifté.

Il faut fans doute du temps à la nature pour la fucceffion de tous ces faits ; mais le temps ne coûte rien à la nature, il ne coûte qu'à notre imagination qui ne peut en comprendre une grande durée, & qui a besoin du secours de la raison, ou du calcul, pour faire correspondre les phénomènes au temps employé.

Un fait isolé n'est rien dans l'histoire de la nature ; mais la comparaison de plusieurs faits devient une source de plusieurs découvertes, & celle des arbres pétrifiés & des coquilles de Passy devient le témoignage de onze opérations intermédiaies exposées dans cette récapitulation, & cette comparaison a donné lieu au plus beau problême de géographie physique qu'on puisse proposer.

Fin de l'exposition des trois Ages de la Nature dans l'excavation des Vallées.

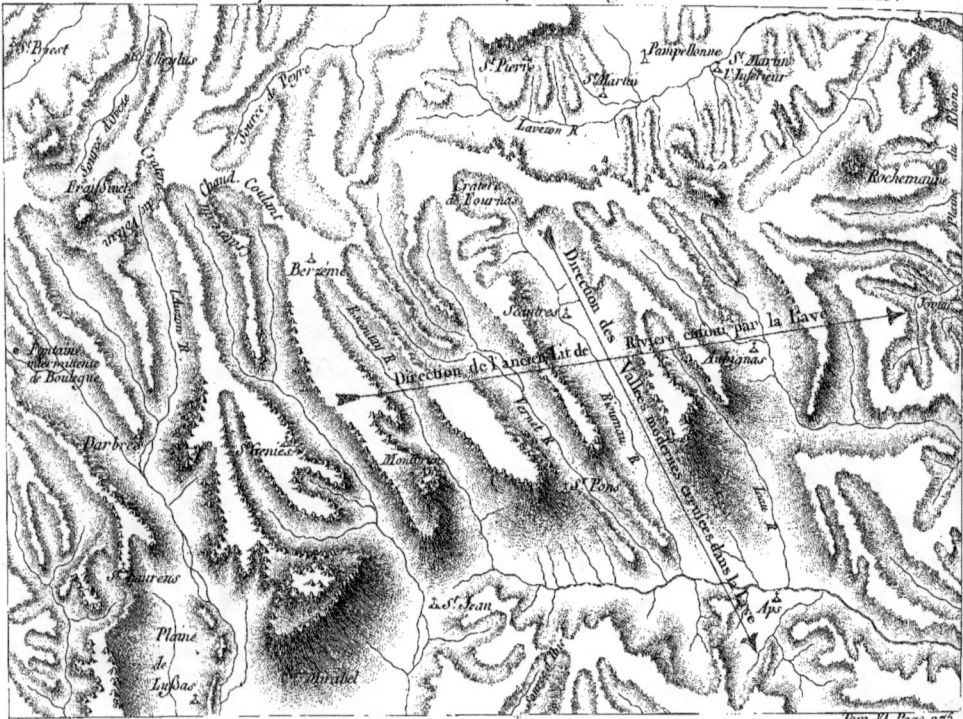

Carte du Plateau Superieur Volcanisé du Coiron pour l'intelligence des Lettres de M.ʳ l'Abbé Roux.

LETTRES

SUR

LA MINÉRALOGIE,

LA

GÉOGRAPHIE PHYSIQUE

ET

LES ÉPOQUES DE LA NATURE,

ÉCRITES

A M. l'Abbé SOULAVIE,

Par M. l'Abbé ROUX, Prieur de Fraiſſinet en Coiron;

Et par feu M. l'Abbé BARTRE, Curé d'Antraigues, M. BARATIER, M. VIGNE, & M. MAZON, Avocat en Parlement.

AVERTISSEMENT.

JE publie ici une suite de lettres inté-
ressantes qui m'ont été écrites par des
compatriotes éclairés, par des confrères
ingénieux qui ont observé avec fruit les
magnifiques tableaux qu'offre la nature
dans ma Patrie.

Le Public reconnoîtra aisément quels
progrès a déjà faits la science dans nos
montagnes, quoique séparées de tout commerce avec les Savans, & je fais des
vœux sincères pour que ce goût s'y conserve & s'augmente.

Il y a un grand fond d'esprit naturel
dans les habitans du Vivarais : cet esprit
manque seulement de moyens & d'oc-
casions favorables pour se développer.

Malgré ces heureuses dispositions que
les têtes vivaroises tiennent de la nature,
peu de personnes se sont distinguées dans
les Lettres ; mais on en reconnoît aisément la cause, lorsqu'on considère les

S 3

divers états, la plupart si dépl rables, & les crises dans lesquelles s'est trouvée cette Province.

Dans l'âge gothique & dans le féodal, elle fut divisée en petits territoires, asservie à cent petits despotes qui dominoient du haut de leurs inaccessibles donjons. Chaque vallée avoit son tyran, & chaque montagne supérieure sa fortification pour maintenir la tyrannie. Comment les Lettres auroient-elles pu régner chez un tel Peuple?

Les Seigneurs pratiquoient seulement la guerre ou la chasse; & perpétuellement occupés à guerroyer entr'eux, ou à soumettre leurs vassaux, leurs archives, leurs censives, leurs droits seigneuriaux si rigoureusement exigés, témoignent encore aujourd'hui combien le citoyen fut opprimé dans cet âge obscur de notre Histoire.

Toutes choses concouroient à rendre le pauvre Peuple toujours ignorant & misérable: le Clergé du Vivarais, dans cet âge, n'étoit point le Clergé éclairé, poli, religieux & décent de ce siècle; sous

la direction de M. de Savines. Des cen-
taines de Prêtres connus aujourd'hui dans
toutes les archives, sous le nom d'Univer-
sité, régissoient chaque Paroisse dans le
spirituel ; & l'appauvrissoient dans le
temporel : on vit des villages qui n'avoient
pas cent feux, nourrir cent Prêtres de
Communauté. Il résulta de cette multi-
plication, les maux les plus déplorables
pour la Province & la Religion. Tous
étoient d'une ignorance profonde ; leurs
mœurs étoient dépravées ; le concubinage
pouvoit être public impunément. On vit
des Prêtres disposer de leurs biens en faveur de leurs enfans naturels & de leurs
concubines. D'ailleurs perpétuellement en
litige avec les Seigneurs ou Barons, ne
connoissant guère qu'un peu de Théologie
ou de Droit : une Bible & un Bréviaire
formant toutes leurs Bibliothèques ; at-
tachés à des cérémonies superstitieuses &
dignes des siècles païens, ce pauvre Peuple, ainsi gouverné, pouvoit-il connoître l'attrait des Lettres ?

Calvin & Luther trouvèrent donc dans
cette Province des circonstances favorables

S 4

pour y établir solidement leur système :
on vit tout-à-coup le *Vivarais* embrasser
la nouvelle Doctrine, & détruire l'empire
des Prêtres avec une fureur égale au zèle de
leurs pères qui s'étoient autrefois dépouillés
pour l'Eglise ; & quand l'autorité royale
voulut réprimer cette autre Religion récemment établie, quand elle voulut em-
ployer la force armée pour soumettre les
esprits, elle trouva le *Vivarais* tout bar-
ricadé, tout hérissé de forts & de tours,
& fut repoussée pendant près de deux
siècles.

Richelieu, réunissant l'autorité dans
le Chef de la Monarchie, abaissant les
Grands, établissant l'unité de Religion,
trouva les mêmes difficultés. *Louis XIII*
fut obligé de marcher à la tête d'une armée bien aguerrie & victorieuse à *Suze*, de
conquérir la Province, & d'assiéger *Privas*,
centre de toutes les forces des Protestans.
Louis XIV enfin, abolissant l'Edit de
Nantes, éprouva toutes sortes d'obsta-
cles, physiques & moraux.

On juge que les Lettres n'ont pu fleurir dans une Province qui paroît ainsi occu-

pée dans toutes les périodes de son Histoire ; mais l'âge des Lettres est arrivé, elles doivent fleurir sous l'empire de LOUIS, & par les encouragemens de Dillon & de Brienne.

Le génie des Vivarois, & leur Histoire annoncent un Peuple naturel & vertueux, que le vice n'a point avili, les esprits y sont hardis & les ames élevées : ils s'éclairent dans la circonstance où la Nation est éclairée ; & trouvant chez eux les tableaux les plus magnifiques de la nature, ces grands objets les animeront davantage.

Le Public connoît déjà les descriptions de M. l'Abbé de Mortesagne, insérées dans l'Ouvrage de M. de Faujas. Celles que je vais publier méritent toute l'attention des curieux de la nature.

La première est de feu M. Bartre & de MM. Mazon, Baratier & Vigne.

Les suivantes sont de M. l'Abbé Roux, Prieur de Fraissinet, habitant des hauteurs volcanisées du Coiron. Les monumens des anciens incendies arrivés dans la Province, l'ont tellement frappé, qu'on y trouvera des obſervations auſſi ingénieuſes que profondes, ſur la Géographie phyſique des hautes montagnes. Je les publie, quoique nos réſultats ne ſoient point les mêmes, parce que plus jaloux de la découverte de la vérité que de mon opinion, je deſire que le Public obſerve comment on peut conſidérer ſous pluſieurs faces les mêmes objets.

Pour l'intelligence des lettres ſuivantes, il eſt néceſſaire d'avoir ſous les yeux les différentes Cartes lithologiques que j'ai données, & ſur-tout la Carte enluminée d'après les divers terreins calcaires, granitiques & volcaniſés que j'avois obſervés, & que j'ai exprimés dans la Carte du Vivarais, dreſſée ſur les lieux, par M. Dupain-Triel fils.

LETTRE

De M. l'Abbé BARTRE, Curé d'An-
traigues, à M. l'Abbé SOULAVIE,
ci-devant Vicaire de cette Paroisse,
sur la disposition réciproque de quelques
volcans en Vivarais, avec des obser-
vations de MM. BARATIER,
VIGNE & MAZON.

A Antraigues, le 1er. Décembre 1780.

MONSIEUR,

« Messieurs Baratier, Vigne & Mazon
font très-sensibles à l'honneur de votre

souvenir, & me chargent de vous faire part de leurs obfervations ci-jointes.

Ils ont été fort fatisfaits de votre Carte enluminée du Vivarais, où l'on trouve l'ordre des époques de la nature dans la Province ; & ils m'ont prié de vous faire obferver, 1°. que vous pourriez joindre la filière rouge de Craux à la longue montagne volcanifée de Champ-de-Mars, par deux bras, l'un du côté de Malpas, l'autre du côté du Mazoyer ; parce qu'entre le volcan de Craux & ceux de Champ-de-Mars, il y en a eu, du côté de Malpas, plufieurs autres plus anciens que les premiers, dont il refte des traces évidentes; tels que celui de Conchis, dont le cratère étoit immenfe, ceux des territoires du Vernet de Noujaret, Paroiffe de Geneftelle. Du côté du Mazoyer, on voit encore des laves fur une hauteur, entre le Mas de Lende & le Mazoyer;

2°. Les volcans ont continué depuis la Paille & Sarraffet, à l'eft-fud de Champ-de-Mars, jufqu'au-deffous du village de Pranles , qui eſt bâti ſur la lave & tout près du cratère d'un grand volcan éteint. On voit des laves & au-tres marques , d'autres anciens volcans ſur ces hauteurs entre Pranles & le Gua, vis-à-vis du midi de la Paroiſſe d'Iſſa-moulin : les laves ſont très-abondantes dans ce quartier-là ;

3°. Qu'au nord-eſt de Meſilhac, à environ trois-quarts de lieue de ce Villa-ge & à un quart de lieue de Marcols, il y a eu un autre volcan bien caracté-riſé, à l'endroit appellé la Ville-Don , où l'on voit un mont de laves , au pic duquel il exiſte des traces d'une an-cienne bâtiſſe & d'un puits curieux, par le tintement extraordinaire & l'agi-tation que produiſoit la chûte des pierres. A force d'y en jeter , on eſt parvenu , il y a environ trente ans, à le com-bler. Il ſert encore pour abreuver le bétail qui y grimpe ; & il eſt évident que c'étoit la bouche du volcan. On trouve beaucoup de laves, pozolane, &c. depuis cet endroit juſqu'à Meſilhac, & de ce même endroit juſqu'aux monts qui font face à la ville du Cheilard, du côté du midi, on trouve aussi, mais à certaines distances, des traces d'autres anciens volcans : mais, comme vous le dites, ils font de la date de ces volcans qui ont perdu leurs formes géométriques & leurs courans, &c. qui font par-là très-anciens.

4º. Entre Mariac & le Cheilard, & sur un mont qui est au nord-ouest de cet entre-deux, il paroît beaucoup de laves. On en trouve aussi, comme vous l'avez marqué, tout près de Dornas.

Tout cela prouve que le feu volcanisé s'étendoit par deux endroits circulaires, l'un au nord, l'autre à l'est-nord, depuis Mesilhac jusqu'aux environs de Cheilard, & peut-être plus loin.

5º. Au sud-ouest du village de Borée est un mont en pain de sucre qui a été volcanisé ; il est plein de laves, comme vous l'avez décrit.

6º. On trouve des laves & autres marques d'un ancien volcan au col de

Juvinas ; ce qui fait préfumer que le filon volcanique qui a embrafé le mont de Coupe , joignoit celui de Mayras & de Thueitz. Vous en avez parlé dans votre Théorie des Bafaltes.

70. Sous la plaine de Champ-de-Mars, & fur le penchant méridional de cette plaine , fituée dans notre Paroiffe , il fort plufieurs fontaines d'eaux minérales martiales. On trouve auffi beaucoup de ces fources à Saint-Andéol-de-Bourlenc, en divers quartiers de notre Paroiffe, dans celle d'Afprejoc, & même dans celle de Valvignères, près de d'Aps.

8°. M. Mazon ayant été par occafion à Neyrac, voulut s'affurer fi effectivement il y a une fource d'eau minérale *thermale* , comme vous l'avez écrit , malgré qu'on vous l'ait contefté... Et pour cet effet il plongea fon bras tout le long de la rigole qui arrofe la prairie fituée au-deffous des fameufes foffes méphitiques où vous avez tant fait d'expériences : & à environ une portée de fufil de ces foffes il trouva, dans un endroit de la rigole , une eau fi chaude, au fond, que, malgré le mélange des eaux froides, il fut obligé de retirer promptement fon bras. Il fit appeller le propriétaire du terrein, auquel il fit part de fa découverte. Sur fon avis, le propriétaire a donné de l'écoulement aux eaux voifines, & par-là il a mis à découvert, dans ce même endroit, une fource abondante d'eau auffi chaude que celle de S. Laurens. Plus de cinquante perfonnes ont bu de cette eau l'été paffé pour remède, & s'en font bien trouvées : vous favez que non loin du village de Neyrac, à quelques pas de la grande route, il y a encore une fource d'eau martiale dont fe fervent les habitans de Mayras. En forte qu'à Neyrac on peut boire l'une & l'autre eau minérale ; ce qui, par rapport à la proximité de la grande route, & à la belle fituation du quartier, peut être d'une grande utilité pour les Voyageurs qui ont befoin de ces remèdes, tout comme pour les habitans de ce pays ».

Voilà, Monfieur, les obfervations que

que nos Messieurs de la Paroisse ont fait sur votre Carte enluminée selon la nature du sol : il est bien clair à présent, en voyant cette distribution de pierres de grès & de pierres de chaux, & de pierres *ferrognes* des volcans, que le terrein de notre Vivarais a dû être formé à plusieurs reprises, ou époques, par le feu & par l'eau. Il ne s'agit plus que de bien ajuster ces époques avec les jours de Moïse. Soumettez toutes vos observations à cet Historien sacré & inspiré ; ce sacrifice est digne d'un homme de bien, comme vous ; notre amitié me permet de vous persuader à prendre garde que cette nouvelle science du feu & de l'eau que vous avez inventée, n'affoiblisse la foi en élevant l'esprit. Vous avez assurément assez de plaisir de voir vos découvertes utiles à votre Patrie, puisque, comme vous le dit M. Mazon, tant de personnes fréquentent déjà les eaux de Neyrac, que vous avez découvertes & soutenues chaudes, contre tous les voyageurs qui viennent

dans ma Paroiffe pour contredire Moïfe,
fous prétexte d'obferver les volcans :
ils courent ici fans rien voir , & vont
écrire enfuite à Paris qu'ils ont vu la
nature ; pour vous, Monfieur, qui vous
attachez fi fortement à votre objet,
& ne paroiffez pas le perdre fi aifément de vue , n'oubliez jamais vos anciens & bons amis : je commence un
peu à croire à l'exiftence de nos volcans ; & fi quelque chofe me porte à
être prefque de votre avis , c'eft votre
découverte fingulière d'une fontaine
minérale au pied de chaque volcan :
cette découverte vous aura fait beaucoup d'honneur dans la Capitale ; il
eft vrai auffi que les deux volcans qui
nous environnent ont chacun à leur
pied une fontaine minérale. M. de Fabrias m'a dit defirer beaucoup qu'on
connût celle du bord du volcan de
Craux, au-deffus duquel fon château eft
bâti : enfin dans le voifinage on trouve
auffi , comme vous le dit M. Mazon,
bien des courans d'eau minérale , ce
qui confirme votre découverte ; mais ce

qui me porte à croire que toutes nos
montagnes rouges font des volcans, ce
font ces puits ou foffes rondes de Neyrac, où vous avez découvert un air
meurtrier & peftilentiel; de même que
la *Bouleguette* dont M. le Prieur de
Fraiffinet vous a fi fouvent parlé, &
que vous avez été vifiter. Peu-à-peu vos
idées feront mieux reçues parmi nous,
car vous favez comment nous les avons
prifes, quand vous êtes venu en cette
Paroiffe pour Vicaire : tout ce que je
defire pour votre bien, c'eft que vous
n'alliez pas trop loin Rappellez-vous
quelquefois de notre vie retirée en ce
pays-ci, & du plaifir que vous y avez
goûté avec vos amis, & ne croyez pas
trop à ces grands efprits de la Capitale,
fapere ad fobrietatem. M. Baratier le
père vient de me confirmer l'exiftence
d'un tremblement de terre en cette Paroiffe, lorfque la Ville de Lisbonne fut
détruite; il m'a dit vous en avoir parlé.
Voilà, Monfieur, tout ce que je puis
vous dire aujourd'hui relativement à la
phyfique. Je fuis, &c. BARTRE, Curé.

T 2

PREMIÈRE LETTRE

De M. l'Abbé Roux, Prieur de Fraiſſinet, à M. l'Abbé SOULAVIE, Vicaire à Antraigues, ſur les phénomènes de la fontaine intermittente de Boulègue.

À Fraiſſinet en Coiron, ce 27 Février 1777.

Monsieur,

Puiſque vous partez pour Avignon, dans le deſſein de faire imprimer votre ouvrage, & que vous deſirez d'inſérer mes obſervations ſur la fontaine dite de *Boulègue*, j'ai l'honneur de vous adreſſer la ſuite des faits dont nous ſommes à portée d'être témoins.

Cette fameuſe fontaine, qui donneroit de l'eau preſque de la groſſeur de deux hommes, ſi tous ſes différens con-

duits étoient réunis en un, coule rarement. Elle reste sans couler quelquefois
vingt, quelquefois vingt - cinq ans,
d'autres fois dix, d'autres fois quinze,
plus ou moins.

Le temps que dure son cours n'est
pas non plus réglé; quelquefois elle ne
coulera que pendant un mois, d'autres
fois trois, d'autres fois six. Elle ne coule
guère jamais au-delà d'une année, &
toujours par des intervalles séparés;
coulant pendant l'espace d'environ une
heure, après laquelle elle cesse pendant
une autre heure; & ainsi de même pendant tout son cours, soit qu'il soit de
trois mois, ou de six, ou même d'une
année; de sorte qu'elle coule environ
dix ou douze fois pendant l'espace de
vingt-quatre heures.

Le rocher d'où elle part a différens
tuyaux de figure ronde & de matière
calcaire, environné de toute part de
matière volcanique, dans laquelle il
est comme emboîté. A son couchant,
coule un ruisseau du nord au midi, plus
bas que le rocher d'environ deux pieds.

T 3

Du côté de l'orient, il est couvert de
même que la moitié de ses tuyaux d'un
tas de pierres entremêlé de sable, de la
hauteur de quatre ou cinq pieds.

A travers ce tas de pierres, passe le
canal d'un moulin, de façon que cette
fontaine passe en partie, & même en plus
grande partie dans ce canal, & fournit
seule de l'eau pour le faire tourner. Il
n'est pas même possible d'en avoir d'autre,
le ruisseau & la fontaine qui lui en four-
nissoient, avant que celle-ci coulât, étant
à sec, excepté dans le temps des grosses
inondations où il y en a au ruisseau.
Mais inutilement on essaie d'en conduire
au moulin; elle se perd toute à l'endroit
par où sort la fontaine, sans cependant
couler dans le ruisseau quoiqu'il y ait
quantité de trous qui se trouvent parmi
ces tas de pierres qui y vont aboutir;
entr'autres certains tuyaux de cette
fontaine, ceux qui partagent leurs eaux
en laissent couler de la grosseur de la
jambe, en bas, au bord du ruisseau, &
en poussent une pareille quantité dans
le canal. Et dans le temps que cette

fontaine ne coule plus, l'on conduit
l'eau du ruisseau à ce moulin, sans qu'il
s'en perde du tout à cet endroit ; tandis
que, selon les règles ordinaires, elle devroit toute couler par ces trous au ruisseau ou dans les tuyaux d'où sortoit la
fontaine.

Plusieurs ont tenté d'expliquer cette
fontaine, mais on n'a donné aucune
raison qui eût la moindre vraisemblance.
Les uns ont dit qu'elle étoit l'effet du
flux & reflux de la mer. Mais le contraire
est évident, puisque pendant tout le
temps qu'elle coule, le ruisseau tarit,
de même que l'autre fontaine qui est le
long du ruisseau, qui coule dans tout
autre temps de la grosseur de la jambe,
sortant comme l'autre d'un rocher de
pierre calcaire, emboîté aussi dans la
matière volcanique, à trois cents toises
ou environ de celle-là. Il est donc clair
que c'est l'eau du ruisseau & celle de
cette autre fontaine qui lui fournissent,
& non la mer. D'ailleurs, si elle étoit
l'effet du flux & reflux, resteroit-elle sans
couler les dix, les quinze, quelquefois

T 4

les vingt années? Et une fois qu'elle auroit pris son cours, couleroit-elle les dix ou douze fois pendant l'espace de vingt-quatre heures; & cela pendant les trois, les six mois de suite, & quelquefois même une année?

Les autres veulent que cette fontaine soit un syphon : & par le moyen de ce syphon ils prétendent expliquer tout ce qu'on y remarque de plus extraordinaire. Cette fontaine croissant pendant demi-heure, & dès quelle est parvenue dans sa force, elle décroît tout de suite d'une manière sensible pendant un quart-d'heure; elle balance, tantôt paroissant, ou tantôt disparoissant, jusqu'à ce qu'elle disparoît tout-à-fait pour une heure. Si c'est un syphon, pourquoi ne coule-t-elle pas aussi fort, & même plus au commencement, que vers le milieu de son cours? Pourquoi ne cesse-t-elle pas tout d'un coup, sans balancer pendant ce quart-d'heure? Pourquoi ce syphon reste-t-il quelquefois vingt ans sans couler? Qu'est-ce qui le met en jeu au bout de ces vingt ans? Expliquera-t-on encore par le

moyen de ce fyphon pourquoi l'on ne
peut conduire l'eau du ruiffeau, quoiqu'il y en ait dans le temps des groffes
pluies, au moulin par fon canal ordinaire, fe perdant toute parmi ce tas de
pierres d'où fort la fontaine; & comment
dans un autre temps cette eau du ruiffeau paffe à travers ce tas de pierres fans
s'en perdre une goutte, ni fans qu'elle
coule dans le ruiffeau, malgré les com-
munications qu'il y a, par où, felon les
règles ordinaires, cette eau devroit toute
paffer ? Qu'ils expliquent par le moyen
de ce fyphon comment cette fontaine
ne faifant que commencer de couler,
quelquefois elle s'arrête tout-à-coup
pour recouler une heure ou demi heure
après, & quelquefois au bout de quatre
ou cinq jours, fans que pour cela le
ruiffeau ni l'autre fontaine qui eft au-
deffus coulent. Que devient alors l'eau
de cette autre fontaine, comme auffi
celle du ruiffeau ? Et au bout de ces
trois ou quatre jours elle reprend fon
cours périodique ordinaire. Comment
tout cela s'explique-t-il par le moyen
du fyphon ?

Voici encore une autre difficulté où le fyphon paroît inutile pour l'expliquer. Les tuyaux de cette fontaine font difpofés de façon que les uns font moins élevés que les autres. Ceux qui font les plus bas coulent quelques minutes avant les autres ; cela paroît naturel : mais ceux-là donnent plus d'eau, (avant que les autres commencent de couler,) que le ruiffeau, avec l'autre fontaine en peuvent fournir. Comment donc les plus bas tuyaux, ayant commencé de couler, les réfervoirs fouterreins peuvent-ils continuer à fe remplir pour faire couler enfuite les autres ; & comment encore expliquer par le moyen du même fyphon comment cette fontaine va toujours croiffant pendant demi-heure qu'elle éft dans fon fort? Cette difficulté cependant pourroit s'expliquer, à ce qu'il me paroît, mais non pas par le moyen du fyphon.

Tous ces faits font fondés fur l'expérience : je les ai vus de mes propres yeux, je ne fais combien de fois. Elle a plus coulé depuis que je fuis ici, qu'elle n'a-

voit coulé dans l'espace de cent ans.
La première fois que je la vis, elle avoit
resté vingt-deux ans sans couler.

J'ai l'honneur d'être, &c.

Signé, Roux, Curé.

EXTRAIT

Du manuscrit intitulé : LES COMMEN-
TAIRES D'UN SOLDAT DU VIVA-
RAIS, SUR LES GUERRES CIVILES
ARRIVÉES EN FRANCE ; *écrit au
commencement du siècle passé, par le
Capitaine* DE MARCHA, *Intendant
de l'armée royale ; Gentilhomme du
Vivarais, & Seigneur de Saint-Pierre-
ville & de Pras.* LIVRE III. , S. I;

*Pour servir à l'Histoire naturelle de la
Fontaine de Boulègue.*

« SI toute l'Europe est entrée en
» admiration, de voir paroistre dans les
» Cieux (peu de temps avant le com-
» mencement de la rebellion) ceste
» effroyable Commette présagere des
» maux que la Chrétienté a souferts du
» despuis, on ne doit pas non moins
» admirer une prédiction qu'est ordi-
» naire & infaillible, dans le Vivarès,
» lorsque la paix ou la guerre doit

» arriver. A deux petites lieues de Ville-
» neuve-de-Berg, dans les montagnes
» du Couirou, eſt une ſource agréable
» & grande, à ſon ordinere, comme la
» groſſeur de la cuiſſe d'un homme,
» laquelle eſt nommée la ſource de la
» paix lorſque la paix eſt, & la ſource
» de la guerre lorſque la guerre eſt,
» pour les divers effets qu'elle fait pa-
» roiſtre en l'un & en l'autre temps,
» étant manifeſte à toute ceſte contrée,
» que de tout temps immémorial, quinze
» jours ou trois ſemmaines avant que la
» guerre ſoit venue, ceſte ſource s'eſt
» changée à plus de quatre cens pas, &
» de l'autre coſté d'un ruyſſeau qu'il y
» a entre deux, ne reſtant aucune appa-
» rence d'eau à ſa premiere ſource, &
» ce qu'eſt encore de merveilleux, c'eſt
» que durant la guerre, elle fait un bruit
» très-grand, & en la paix s'eſtant remiſe
» en ſon premier lieu, elle y eſt fort
» calme ; mais lorſque quelque grand
» maſſacre doit arriver, environ quinze
» jours devant, la ſource ſe partage en
» l'une & en l'autre, comme on l'a veu

» ariver aux troubles de la ligue lorſque
» M. de Montréal priſt & perdit le
» Montellimar , où il mouruſt quinze
» cens hommes d'un party ou d'autre,
» & freſchement , lorſque le Roy eſt
» veneu aſſiéger Privas , de ſorte que les
» peyſans d'alentour ont tellement en
» uſage ceſte prédiction , qu'ils ſe moc-
» quent quand on parle de la guerre ſi
» la fonteine n'a pas bougé ; que cy elle
» a changé ſans autre cogneſſance de
» cauſe , ils deſbagagent des maiſons
» champêtres pour ſe retirer aux lieux
» fermés , & prennent aſſeurance cer-
» taine de la guerre ; & au contrere
» lorſque la paix doit arriver & pluſtoſt
» qu'elle ils s'en resjouicent.

» La ſource de la paix avoit demeurée
» en ſon cours ordinere , juſques en ce
» tems icy , deſpuys qu'elle s'étoiſt re-
» miſe au mois de Mars de l'année der-
» nière , lorſque tout d'un coup , au
» mois de Septembre de ceſte année ,
» on viſt deſbagager les métayers &
» laboreurs du Couiron , & ſe retirer
» qui aux cavernes , & les autres ès lieux

» fermés, l'alarme fuſt ſi grande que la
» fonteine s'eſtoit remiſe en ſa ſource
» de la guerre où elle faiſoit grand bruit,
» & il ne ce paſſa pas un mois après
» qu'on n'en viſt les effets, M. de
» Rohan prenant les armes pour s'unir
» aux Anglois qui avoient, long-tems
» auparavant, fait une grande deſcente
» en l'iſle de Rhé ».

Nous donnerons dans la ſuite la
théorie de ces écoulemens, & notre
deſcription locale de la fontaine.

SECONDE LETTRE

De M. l'Abbé ROUX, *à M. l'Abbé* SOULAVIE *, sur la Géographie physique du globe terrestre & sur les révolutions externes arrivées à la surface de la terre.*

SOMMAIRE.

I. *L'Auteur annonce qu'il faudroit un grand nombre de siècles pour opérer l'excavation des vallées par la voie des eaux courantes fluviatiles.* II. *Description des hautes coulées du Coiron. Ancien lit de rivière sur le sommet. Coulée de laves qui le couvre.* III. *Cent mille ans ne suffiroient pas pour l'excavation des vallées. Le niveau de la mer à Marseille est le même aujourd'hui que le niveau du temps de sa fondation.* IV. *La mer ne diminue donc point.* V. *Les eaux athmosphériques ne sauroient creuser les vallées. Vue des vallées d'Auzon & de Lussas. Leur excavation formée*

formée après l'abandon de l'ancien
lit fluviatile du sommet du Coiron.
VI. Preuves que l'eau fluviatile n'exca-
ve point les vallées dans les temps his-
toriques. VII. Les laves, & les vallées
creusées dans les laves du haut Coiron
sont postérieures au déluge universel.
VIII. Les vallons creusés autour du
Coiron dans ces laves, ont été formées
également après les coulées. IX. Dis-
tinction entre les volcans qui ont vomi
sur des sommets de montagne, & ceux
qui ont vomi dans le fond des vallées
après leur excavation. X. Les vallées
ont été creusées par le déluge d'Ogyges
ou de Deucalion. XI. Preuves locales
que les eaux courantes ne creusent pas
les vallées. XII. Direction des vallées
du Coiron. Gorges. Ses eaux courantes.
XIII. L'Auteur pense qu'un grand lac
a formé le bassin d'Avignon & plusieurs autres : système des cascades,
système des lacs de Sultzer. XIV. Suite
de la Géographie physique des monts
Coiron. XV. L'eau courante ne coule pas

Tom. VI.   V

dans les gorges supérieures. XVI. Description d'un pic basaltique sur une haute montagne granitique. XVII. Vue des hauteurs des Boutières. XVIII. Les volcans de Vessaux, d'Aubenas, d'Aps, &c. ne sont point sous-marins. XIX. Filons de lave dans le vif des roches. XX. Pouvoir des déluges sur la surface des eaux (1).

Monsieur,

I. Permettez-moi de vous faire part de quelques réflexions que j'ai faites, 1°. à l'occasion de ce que vous me fîtes l'honneur de me dire sur l'antiquité du globe, auquel vous attribuez un si grand nombre d'années, pour expliquer les grands changemens qui y sont arri-

---

(1) Dans la Carte des monts Coiron que je donne ici, on doit se représenter les hauteurs en blanc, comme des plateaux supérieurs formés de laves. Les eaux ont creusé les vallées profondes dans ces laves, & encore dans le terrein primitif antérieur aux effusions. Ces excavations ont permis de suivre un ancien lit de rivière qu'on trouve sous les laves supérieures qui inondèrent le sol, qui ont établi d'autres pentes, & transféré ailleurs le cours des eaux. (Note de M. Soulavie pour la Carte du Coiron).

vés depuis sa formation, entr'autres les larges & profonds vallons qu'on y voit de toute part, quoique vous ne donniez à l'homme que six mille ans, suivant à ce sujet l'époque de la genèse ; 2°. sur ce que vous dites dans votre Ouvrage, que la mer, après avoir couvert le sommet de nos plus hautes montagnes, s'est retirée, par la diminution du niveau de ses eaux, jusqu'à l'endroit où l'on voit aujourd'hui ses rivages ; le tout pour expliquer ces grands changemens qu'a éprouvés le globe depuis sa formation.

Mais si l'on prouve que 100000 ans ne suffiroient pas pour avoir opéré cette grande diminution, & qu'un pareil temps ne suffiroit pas non plus pour que les rivières eussent pû former ces profonds & larges vallons que nous voyons de tous côtés, du moins en supposant les inondations telles qu'elles arrivent communément de nos jours, il est clair qu'il faudra avoir recours à une autre cause pour expliquer ces grands changemens, sur-tout si l'on prouve que tous ces larges & profonds

V 2

vallons ont été creufés depuis le déluge universel, & par conféquent long-temps après la formation de l'homme à laquelle l'on ne donne pas plus de fix mille ans.

I I. Or fuppofez l'exiftence d'un volcan en Coiron , fuppofez auffi cette grande rivière qui couloit avant les éruptions d'occident en orient , & qui fut comblée par le volcan & par cette énorme coulée de lave & de bafalte qui couvre avec cet ancien lit de rivière & tout le Coiron, c'eft-à-dire , une montagne de 15 à 16 lieues de tour ; coulée immenfe qui a dans certains endroits plus de 100 toifes d'épaiffeur.

Suivez le bord méridional de cette ancienne rivière depuis Saint-Laurent jufqu'au Theil, c'eft-à-dire l'efpace de plus de quatre lieues. Voyez fon ancienne largeur qui eft d'un bon quart de lieue , aux endroits où les torrens qui viennent du nord du Coiron, ont creufé la matière du volcan jufqu'au fond. Suppofez, dis-je , cette ancienne grande rivière & toutes ces coulées de laves que vous avez décrites ; &

d'après ces obfervations, entrons en matière.

III. D'abord eft-il rien de fi facile à prouver que cent mille ans ne fuffiroient pas pour avoir opéré la diminution de la mer, depuis le fommet des plus hautes montagnes jufqu'aux rivages qui la limitent aujourd'hui? Je ne veux prendre à témoin que la ville de Marfeille pour le démontrer. Cette ville fut bâtie par les Mèdes, fous l'Empire d'Aftiages, fix cents treize ans avant Jefus-Chrift ; il y a par conféquent deux mille trois cents quatre-vingt-trois ans : elle eft encore au bord de la mer ; fes eaux en mouillent les remparts. De combien la mer auroit-elle été abaiffée depuis que cette ville fut bâtie? De deux toifes? C'eft tout ce qu'on peut fuppofer, fi toutefois elle a été abaiffée, vu la proximité de fes eaux avec les murs de cette ville, & la plus haute montagne de Cimboraco, élevée au-deffus du fol de Marfeille, ou bien de niveau de la mer de trois mille deux cents vingt toifes. Or fi dans l'efpace de deux mille trois cents quatre-vingt-trois ans, la mer n'a baiſſé que de deux toiſes, combien de mille ans ne faudroit-il pas pour en avoir baiſſé trois mille deux cents vingt ? L'on voit par cette ſuppoſition qu'elle n'auroit pas baiſſé tout-à-fait d'une toiſe tous les mille ans : il faudroit donc plus de trois cents mille ans pour avoir baiſſé trois cents toiſes, & plus de trois millions deux cents vingt mille ans pour en avoir baiſſé trois mille deux cents vingt toiſes.

La grande digue de la Hollande conſtruite pour empêcher que la mer n'inonde tout ce pays ; les dix - huit paroiſſes, rapportées par le célèbre M. le Comte de Buffon, qui ont été tout-à-fait inondées des eaux de la mer, & dont on ne voit plus que la pointe des clochers, prouvent bien que la mer n'a pas beaucoup diminué, du moins de ce côté-là. Si les eaux de la mer ſe retirent, ce n'eſt que vers l'embouchure des grands fleuves, à cauſe des grands aterriſſemens qui s'y font. Ce n'eſt donc pas la mer qui a fait tous ces grands changemens en ruiffeaux, & creufé ces larges & profonds vallons que l'on voit de toute part dans l'efpace de trente-huit mille ans.

IV. Les rivières, en fuppofant les inondations telles qu'elles arrivent de nos jours, ne font pas non plus capables, dans un pareil efpace de temps, d'avoir creufé nos vallons avec cette largeur, cette profondeur, & dans la forme que nous voyons.

Je conviens que les ravins & les rivières qui fe précipitent du haut des montagnes, par un certain nombre de cafcades, de façon que l'une fuive l'autre en fillonnant, tous, dans le même fens, creufent un peu plus vîte qu'on pourroit fe l'imaginer ; mais l'on voit tant de rivières où il n'y a point de cafcades, où les eaux n'ont pas excavé d'une toife tous les mille ans, fi toutefois elles ont creufé. Cependant les vallons au fond defquels elles coulent, ont quelquefois plus de cent toifes de profondeur.

V. Le vallon de Luffas & la rivière

V 4

d'Auſon qui y coule du nord au midi,
en eſt une preuve évidente ; l'on voit à
un de ſes rivages le fondement & les
débris d'un temple bâti par Céſar,
appellé *le Temple de la Victoire* ; il ne
s'en faut pas de deux toiſes qu'il ne ſoit
de niveau avec le lit de la rivière ; il lui
falloit bien cette élévation pour qu'il
ne fût pas inondé par les crues d'eau.
Mais ſuppoſons qu'il ne s'en fallut que
d'une toiſe qu'il ne fût de niveau, il
ſuivra de là que cette rivière n'aura
creuſé que d'une toiſe depuis Céſar,
c'eſt-à-dire depuis près de deux mille
ans, & il eſt démontré que depuis le
volcan du Coiron arrivé, elle a creuſé
près de quatre cents toiſes : la démonſtration eſt toute claire. En effet,

La plaine de Luſſas, par où paſſe
Auzon, cette petite rivière dont nous
parlons, eſt au midi de Saint-Laurent,
plus baſſe que ce village au moins de
cent toiſes ; cependant l'ancienne rivière comblée par le volcan de laquelle
on commence à trouver le lit à Saint-
Laurent, venant du côté de Veſſaux,

couloit vers le Theil , c'eft-à-dire
d'occident vers l'orient , laiffant à fa
droite & au midi cette plaine de Luffas,
le vallon des Granges-de-Mirabel , de
Saint-Jean , de Saint-Pons , Aps , Aubignac , tous endroits plus bas environ
de cent toifes que le lit de cette rivière
qui fe trouve affis à la cime & au bord
de tous ces côteaux. Il falloit cependant
qu'avant qu'elle fût comblée par le
volcan , tous ces endroits fuffent plus
élevés qu'elle pour la forcer de rouler
fes eaux du couchant au levant; ainfi
ce qui eft aujourd'hui fommet de montagne & plateau , étoit alors fond de
vallée & lit fluviale. *Voyez ma* I^e. *remarque à ces objections.*

VI. L'on voit bien par la rivière qui
mouille les murs de Vals bourg très-
ancien , qui l'inonde quelquefois , &
qui le mit à deux doigts de fa perte il y
a environ fix ans, que les rivières ne
creufent pas fi vîte qu'on le penfe. Celle
qui paffe à l'Argentière, & dont le lit
eft de niveau avec cette ville , prouve
bien qu'elle n'a pas beaucoup creufé

depuis que cette ville est bâtie ; les
grandes rivières ne creusent pas plus à
proportion que les petites. Le port du
Saint-Esprit , la ville de ce nom , le
bourg Saint - Andéol , Viviers , Va-
lence , Vienne , Lyon , & plusieurs
autres villes bâties sur le bord du
Rhône , en font une preuve bien con-
vaincante. Le pont de Viviers, bâti sur la
rivière d'Escoutai , près de son embouchure dans le Rhône , & sous lequel
bientôt l'eau ne pourra plus passer à
cause du grand comblement qui s'y
fait, prouve bien que cette rivière, ni le
Rhône qui en arrête le cours , & qui
cause par-là ce comblement, ne creuse
pas bien vîte. Suivez toutes les rivières
qui se jettent dans le Rhône, vous trouverez toujours , vers leur embouchure ,
un comblement de plus de six toises de
profondeur, quelquefois de plus de dix.
Je pense bien que la Seine n'a pas
creusé un lit bien profond depuis que
Paris est bâti. Tout cela prouve que
les grands changemens qu'a éprouvés le
globe depuis sa formation , n'a pu être

opéré ni par la diminution infenfible des eaux de la mer, ni par les rivières, en fuppofant toujours les inondations telles qu'elles arrivent communément de nos jours. *Voyez la* 11e. *remarque.*

VII. Cette preuve fera bien plus fenfible, fi l'on prouve encore que c'eft depuis le déluge que ces grands vallons que nous voyons dans notre Vivarais & qui nous étonnent par leur largeur & leur profondeur, fe font creufés, & même long-temps après, & par conféquent dans un efpace de temps très-court.

Or il eft évident que tous les vallons fi larges & fi profonds qui font autour de notre Coiron, ont été creufés depuis le déluge, & même long-tems après; & il faut raifonner de même des autres vallons du Vivarais, toujours par la même raifon : en voici la preuve.

Tout autour du Coiron l'on trouve dans les couches de pierres calcinées fur lefquelles le volcan eft affis, une quantité prodigieufe de pétrifications de toute efpèce, ce qui ne peut être que

les traces de la mer ; & l'on ne trouve
aucun de ces coquillages dans tout le
Coiron, ni fur aucune autre montagne
volcanifée du Vivarais. Il eft donc clair
& évident que le volcan eft arrivé
depuis que la mer s'eft retirée, puifqu'il
a couvert des matières qui étoient l'ouvrage de la mer.

VIII. Il n'eft pas moins clair & évident que les profonds vallons qui font
autour du Coiron ont été creufés depuis
le volcan ; je l'ai déjà démontré par la
plaine de Luffas, le vallon des Granges-
de-Mirabel, les vallons de Saint-Jean,
Saint-Pons, Aps, Aubignac, par le
moyen de cette grande rivière qui
couloit au nord de tous ces vallons,
au haut de la pente de leurs côteaux,
qui fut comblée par le volcan. Elle
n'auroit pas coulé d'occident en orient
fi, du côté du midi où font ces vallons
fi profonds, il n'y eut eu un bord qui
fût plus élevé que fon lit. Il falloit auffi
que le grand vallon de Veffaux, plus bas
aujourd'hui au moins de cent toifes que
le lit de cette rivière, fût, pendant

l'effufion du volcan, plus élevé que ce lit, puifque la rivière venoit de ce côté-là en le traverfant.

Il n'eft pas moins clair que les vallons qui font au Levant du Coiron où fe trouve le Rhône, & ceux qui font au Nord, ont été excavés depuis le volcan, puifqu'on voit de ce côté-là la lave & les bafaltes s'élever perpendiculaire-ment jufqu'à une hauteur prodigieufe en forme de rempart ; & fi les vallons avoient été creufés pendant l'effufion du volcan, cette coulée de matière auroit-elle été foutenue au haut & au bord de ces côteaux, fans couler au fond ? Auroit-elle été ainfi fufpendue, formant ces efpèces de remparts perpendiculaires ? Il manque donc ici une grande quantité de la coulée qui correfpondoit à ce qui refte. *Voyez ma IIIe. réponfe.*

IX. Ce n'eft pas ainfi auffi qu'il eft arrivé aux volcans de Thueitz, Jaujac & Antraigues ; ceux-ci ont coulé depuis la formation des vallons où on les voit ; auffi en ont-ils fuivi les finuofités, & com-blé les rivières qui y couloient. *Ces*

rivières commencent aujourd'hui à trou-
ver leur ancien lit où l'on voit les cailloux
qu'elles rouloient.

J'ai annoncé encore que ce volcan
étoit arrivé long-temps après que la
mer eut inondé nos montagnes ; ce
qui le prouve, c'eſt le lit profond que
cette rivière s'étoit déjà creuſé, & l'amas
énorme de cailloutages qu'elle avoit
déjà entraînés quand elle fut comblée
par le volcan.

Vous me direz ſans doute, Monſieur,
ſi ces vallons n'ont pu être creuſés ni
par les eaux de la mer, ni par celles des
rivières, en ſuppoſant les inondations
telles qu'elles arrivent communément,
ſi d'ailleurs leur formation eſt ſi récente,
quelle cauſe aura produit un tel effet ?
Je réponds que ce ne peut être que
par quelque inondation extraordinaire, comme le déluge, ou celui qui
arriva du temps & ſous le règne d'O-
gygès Roi d'Ogygie, pays appellé depuis Boëtie ; & à celui qui arriva du
temps de Deucalion, Roi de Theſſalie,
le premier ſix cents ans après le déluge

univerfel , 1748 ans avant Jefus-Chrift ;
& le fecond 248 ans après le premier.
Il ne faut qu'une defcription de Luffas
pour le démontrer. J'ai déjà prouvé
évidemment qu'elle étoit plus élevée
que Saint-Laurent pendant l'éruption du
volcan, quoiqu'elle foit plus baffe aujourd'hui de plus de cent toifes.

XI. Cette plaine a une groffe lieue
de largeur , en y comprenant le bois de
Mias qui en fait partie. Quand la petite
rivière d'Auzon qui y coule du nord au
midi, y auroit coulé plufieurs millions
d'années , elle n'auroit pu la former
par des inondations ordinaires , pre-
mièrement parce qu'elle ne creufe plus
depuis long temps , comme je l'ai
prouvé par le Temple de la Victoire ;
fécondement, parce que fi c'étoit cette
petite rivière qui l'eût formée par des
innondations ordinaires , ce lit fe feroit
creufé peu-à peu & cette plaine iroit
un peu en pente depuis les deux extrê-
mités jufqu'à la rivière , & c'eft tout le
contraire ; elle penche plutôt du côté
oppofé que vers ce lit, excepté un peu

au bord de la rivière. D'ailleurs le bois de Mias qui fait partie de cette plaine a à son couchant la plaine de Saint-Privas où passe l'Ardèche. Comment la petite rivière de la plaine de Lussas a-t-elle pu entraîner le terrein qui élevoit le bois de Mias au-dessus de Saint-Laurent, pour contenir sur le bord de cette montagne cette ancienne rivière dont on voit le lit, sans se précipiter dans le vallon de Saint-Privas, qui est plus de deux cents cinquante toises au-dessous du niveau de ce bois, & qui le limite par son côté oriental ? si ce vallon n'avoit été aussi plein d'eau pour contenir celle qui entraînoit le terrein, ou plutôt qui répondoit à l'endroit où est situé ce bois.

Mais l'Ardèche qui passe dans le vallon de Saint-Sernin ne prouve-t-elle pas seule ces inondations extraordinaires : considérez la montagne de marbre qu'elle a coupée à *rive taillée* pour passer du côté de Vogué, & le large & profond vallon qu'il y a depuis la plaine de Saint-Privas jusqu'à Joyeuse, vallon plus

plus bas que cette montagne de cent cinquante toifes.

Je dis, comment Ardèche a-t-elle coupé cette montagne compofée de roches fi hautes & fi dures, trouvant un lit tout fait en fuivant le vallon qui conduit de la plaine de Saint-Privas à Joyeufe; vallon au-deffous du niveau de cette montagne au moins de cent cinquante toifes ? Quelle autre caufe qu'une efpèce de déluge lui aura fait prendre une route fi extraordinaire, & l'aura fait monter fur une haute montagne, couper deux ou trois lieues de rocher le plus dur, tandis qu'elle trouvoit un lit tout fait plus bas que le fommet de cette montagne de cent cinquante toifes ; vallon dans lequel pourroit paffer une rivière plus de mille fois plus forte qu'Ardèche dans fes plus grandes inondations ? *Voyez la IVe. réponfe.*

Il paroît clair auffi que cette ancienne rivière comblée par les coulées du volcan, recevoit Ardèche, parce qu'elle rouloit la même efpèce de cailloux & traînoit le même fable, efpèce de cailloux dont on ne voit de rocher dans tous les environs que du côté d'où vient Ardèche & les autres rivières qui la forment. D'ailleurs la rivière de notre Coiron comblée par le volcan, couloit d'occident vers l'orient, & Ardèche coule du nord au midi ; elle croisoit donc l'endroit où coule Ardèche, & toutes les rivières qu'elle reçoit & qui viennent du côté du nord. Il falloit donc que tous ces endroits par où coule Ardèche & les autres rivières qu'elle reçoit, fussent plus élevés que Saint-Laurent, où l'on commence de voir cet ancien lit plus élevé aujourd'hui qu'Ardèche au pont d'Aubenas au moins de cinq cents toises. Quelle autre cause qu'une espèce de déluge, peut avoir causé un tel bouleversement, emporté des montagnes de rocher jusqu'à la profondeur de cinq à six cents toises, & avoir fait passer à leur place de nouvelles rivières ? *Voyez la Ve. réponse.*

XII. Les fréquens vallons fort larges & très-profonds où il ne passe point d'eau maintenant, & qui se comblent aujourd'hui par les matières qui y gliſſent de leurs côteaux, offrent encore la même preuve. Je ne veux préſenter que ceux du Coiron pour démontrer les inondations du déluge d'Ogygès. Cette montagne d'environ quinze à ſeize lieues de tour, eſt toute entre-coupée par des vallons qui tirent tous vers l'orient ou vers le midi : en voici la figure.

Quand il n'y a qu'une gorge (1) ſur la crête de la montagne à laquelle le vallon répond, alors il eſt à-peu-près par-tout de la même largeur. Tels ſont le vallon de la Prade & celui de Pramāilhet : quand il y a deux gorges ſur la crête de la montagne, alors il y en a une troiſième du côté oppoſé par où s'écoulent les eaux du vallon, & alors ce vallon forme un triangle d'une lieue, quelquefois de deux & de trois lieues de tour. Telle eſt la forme de celui de Darbres qui eſt un triangle parfait d'en-

(1) On appelle *gorge* en Vivarais, la vallée creuſée horizontalement au ſommet d'une chaîne de montagnes, & ſa continuation vers le bas de la montagne.

X 2

viron trois lieues de circuit ; mais
comme ce seul vallon suffiroit pour
démontrer la réalité de ces inondations diluviennes, j'y reviendrai. Telle
est encore la forme du profond vallon
qui répond à la gorge du col de la Sou-
liere, & à celle du château de Blandine.
Tel est celui de Freyssinet dans lequel
est située mon Eglise avec le village du
même nom. Ce vallon est un triangle
parfait dont les côtés sont égaux ; il a
une gorge au sommet qui est du côté du
midi par où passe un petit ruisseau profond d'environ deux cents toises, large
vers la cime de ses côteaux d'environ
quatre cents toises, & au bas vers le lit
du ruisseau de trois ou quatre toises,
creusé à travers un rocher formé par la
lave ou le basalte dur comme le fer ;
il a deux gorges du côté du nord, une
à chacun des deux sommets du triangle
qui tournent de ce côté-là, la moitié
moins profond que la gorge méridionale & que le fond du triangle, quoique
fort larges. Quoique ces deux gorges
soient du côté du nord, elles tirent

cependant un peu l'une vers le couchant
& l'autre vers le levant , & leurs courans fe croifent un peu tirant tant foit
peu obliquement l'un fur l'autre.

Je demande qui eft-ce qui a coupé
ainfi un rocher fi dur & y a creufé un
vallon de plus de deux cents toifes de
profondeur, auffi large & en cette forme
triangulaire ? Ne voit-on pas que ces
deux gorges qui fortent au nord, ont
été faites par des courans d'eau, lefquels
fe rencontrant fe font fortifiés l'un
l'autre, & ont dû creufer davantage à
l'endroit de leur jonction ? Ne voit-on
pas que des courans fe croifant ainfi en
tombant obliquemment l'un fur l'autre,
ont dû creufer un vallon en cette forme,
en faifant faire un tourbillon à leurs
eaux ? Ne voit-on pas que l'ouverture
du côté du midi, ne peut avoir été
faite que par quelque courant d'une
force extraordinaire ? Le petit ruiffeau
qui y coule, & où on ne voit de l'eau
que quand il pleut, qui ne prend fa
fource que dans ce triangle, & qui ne
creufe plus aujourd'hui, auroit-il pu,

X 3

depuis l'éruption du volcan, creuser un vallon de cette espèce, aussi large, aussi profond, dans un rocher aussi dur que celui-là ? C'est la forme de tous les vallons où vous verrez trois gorges, quoiqu'aujourd'hui il ne passe plus d'eau dans ces gorges, comme dans toutes celles qui sont à la crête de nos montagnes. Mais ce qui prouve qu'autrefois il y en a passé une quantité prodigieuse, c'est le vallon profond qui répond toujours à une gorge ou à plusieurs ; c'est la profondeur & la largeur de cette gorge, toujours creusée à travers le rocher le plus dur ; c'est le reste du volcan emporté qu'on voit presque toujours au milieu de ces gorges ; c'est la correspondance que ces gorges ont à d'autres gorges.

Quand il y a trois ou quatre gorges, ou même davantage, qui correspondent au même vallon, alors ce vallon est rond, & forme une espèce de puits dont les bords sont des montagnes qui laissent toujours une grande ouverture aux eaux, tel est le vallon d'Aps & celui de la plaine de Lac, &c.

Le vallon de Pramailhet, qui eſt une ramification de celui de Saint-Etienne, quoique moins profond que ce dernier d'environ trois cents toiſes, eſt une preuve indubitable de ces inondations. Ce vallon eſt creuſé, non ſeulement juſqu'au fond de la matière volcaniſée, c'eſt-à-dire environ cent toiſes, mais encore autres cent toiſes au-deſſous dans la roche calcaire : de façon que l'on voit ſur le haut de ſes côteaux, de chaque côté, la lave & le baſalte du volcan ; & ſur le bas, la roche calcaire dont les bancs aſſis les uns ſur les autres ſe correſpondent mutuellement, & le fond du vallon eſt une plaine qui a environ trois cents toiſes de largeur, où l'on voit de très-beaux prés & de très-beaux champs.

Me dira-t-on que c'eſt à des inondations ſemblables, à celles que nous voyons communément qui ont coupé ainſi ces rochers ſi durs & y ont creuſé au travers un vallon ſi large & ſi profond ? mais aujourd'hui il n'y paſſe plus d'eau, parce que, comme je viens de

X 4

le dire, c'eſt une ramification de celui de Saint-Etienne plus bas que lui d'environ trois cents toiſes. Ce n'eſt qu'à l'extrêmité de ces prairies que l'eau commence à creuſer, & qu'un petit ruiſſeau prend ſon commencement. *Voyez la VI*. réponſe.*

Si c'étoit par des inondations communes que ce vallon s'eſt creuſé, ces mêmes inondations ne continueroient-elles pas encore à creuſer ? Y verroit-on ces beaux prés, ces beaux champs au fond, aſſis ſur une terre végétale de cinq à ſix toiſes de profondeur, au-deſſous de laquelle l'on retrouve le rocher calcaire ? Ne voit-on pas que ce vallon s'eſt comblé depuis ſa formation, bien-loin de s'être creuſé davantage ? Peut-on douter qu'il n'ait été creuſé autrefois juſqu'au rocher ? L'eau auroit-elle creuſé cent toiſes dans une matière auſſi dure que la lave du volcan, & autres cent toiſes à travers le rocher calcaire, inférieur & fondamental ? & auroit-elle ceſſé de creuſer en trouvant une terre mouvante ? Ce ne ſont donc pas des

inondations ordinaires qui l'ont creufé ;
une fi petite quantité d'eau n'auroit jamais formé un vallon fi large & fi profond à travers des rochers fi durs : ce n'eft
pas non plus la mer qui l'a creufé ; la
mer s'étoit retirée lorfque le vallon fut
creufé, puifque ce vallon fut creufé, dans
le volcan, & que le volcan eft poftérieur
aux eaux de la mer qui ont couvert ce
pays, puifque le volcan eft affis fur les
traces de la mer ; l'on ne peut donc
attribuer ce vallon qu'à une efpèce de
déluge. *Voyez la VIIe. réponfe.*

Par tout le Coiron l'on voit à-peu-près
la même chofe. Le haut de fes vallons
font prefque par-tout des rochers, & le
fond des plaines fituées fur un grand
fond de terre au-deffous de laquelle fe
trouve de nouveau le rocher ; & prefque
par-tout ces vallons font plus larges à
l'endroit où ils commencent que vers
la fuite ; parce que, pour l'ordinaire, ils
répondent chacun à deux ou trois gorges. L'on voit bien que tous ces vallons
font comblés depuis qu'ils ont été excavés, bien-loin de continuer à fe

creuser. Les prairies qu'on y voit au fond, situées quelquefois sur une terre de plus de six toises d'épaisseur, & ensuite le rocher dessous, le prouvent évidemment. Dira-t-on que ce sont des inondations ordinaires ? Mais pourquoi comblent-elles aujourd'hui ces vallons, au lieu de continuer à les creuser, sur-tout à l'endroit où ils forment une espèce de puits, & que ce n'est que quand les eaux sont sorties & un peu loin de cette espèce de puits, où elles prennent leur commencement, qu'elles commencent à creuser ? Comment d'ailleurs une si petite quantité d'eau, je le répète, auroit creusé des vallons si larges & si profonds, à travers des rochers si compactes & si durs ? De plus, que signifient ces différentes gorges qui sont sur la crête de la montagne, & qui répondent à ces vallons & qui sont du côté opposé à celui par où ses eaux s'écoulent de cette espèce de puits ? Nous n'avons point de vallons où l'on ne voie clairement cette même preuve. *Voyez la VIII.* réponse.

Vous connoissez, Monsieur, la plaine

de Lac, elle eſt dans un vallon très-profond, ſituée au nord du Coiron, & plus
bas que lui au moins de cinq cents toiſes, large, en y comprenant l'endroit
où eſt ſitué Privas, dont il fait partie,
d'une bonne lieue au moins, & de la
cime d'un de ſes côteaux, & l'autre qui
lui eſt oppoſé de deux bonnes lieues.
Cette plaine eſt traverſée par la petite
rivière d'Ovèze, bordée de hautes montagnes qui la terminent en rond & en
font une eſpèce de puits d'environ cinq
cents toiſes de profondeur ; ils diffèrent
de ceux du Coiron, qui, comme lui,
forment une eſpèce de puits, en ce que
ceux-là n'ont qu'une ouverture par où
s'écoulent leurs eaux ; & celui-ci en a
deux : ſavoir, la gorge de Coux & de
l'Ubilhac, où paſſe cette petite rivière
d'Ovèze & la vallée d'Aliſſas.

N'eſt-il pas évident que cette plaine,
ſituée dans un vallon ſi profond, a été
formée depuis le volcan? ſi elle avoit
été formée avec ſon vallon pendant
l'éruption du volcan, la lave auroit-
elle manqué d'y couler ? Cependant elle

n'y a pas du tout coulé, quoiqu'on la voie fur le haut de fon côteau méridional, former comme un grand rempart perpendiculaire d'une élévation prodigieufe. Le vallon eft trop profond pour avoir été creufé par une fi petite rivière, depuis le volcan arrivé après le déluge , & la plaine trop large pour avoir été formée par cette même rivière, quand il y auroit des millions d'années qu'elle y couleroit. Si cette plaine avoit été formée par cette petite rivière, par des inondations ordinaires, elle iroit un peu en pente vers la rivière, & elle penche au contraire du côté oppofé, puifqu'il y a , au milieu, un petit lac dont les eaux s'écoulent par la gorge qui va à Aliffas , au lieu de s'écouler par celle de Coux & l'Ubilhac, par où paffe la rivière d'Ovèze. D'un autre côté, fi la gorge de Coux & l'Ubilhac, ouverte au travers des montagnes d'un rocher très - dur par où pafferoit cent de fois plus d'eau qu'il n'en paffe dans nos grandes inondations, étoit ouverte , comment s'eft

donc ouverte celle d'Alissas, si profonde, & depuis le volcan, puisqu'on
voit sur le haut du côteau occidental
les basaltes s'élevant perpendiculaire-
ment jusqu'aux nuées, sans avoir du tout
coulé dans le vallon ? *Voyez la V*. *rép.*

Je demande encore une fois comment
s'est ouverte cette gorge si large & si
profonde à travers des montagnes d'un
rocher si dur, si celle de Coux étoit
plus que suffisante pour recevoir cent
fois plus d'eau qu'il n'y en passe
par nos plus grandes inondations ? Si
au contraire celle d'Alissas l'étoit,
comment s'est ouverte celle de Coux ?
Il n'y a que des espèces de déluges qui
puissent avoir produit de tels effets.

Certaines plaines qu'on voit souvent
vers le milieu des côteaux semblent
prouver qu'il y a eu plusieurs déluges,
ou que le même a eu plusieurs reprises,
parce que si le vallon s'étoit creusé
dans une seule inondation, ou peu-
à-peu, le côteau se termineroit depuis
le haut jusqu'au bas par une pente égale.
Qu'on considère le vallon de Darbres,

& qu'on faſſe attention à ſa forme , à ſa
largeur , à ſa profondeur , à la ſolidité
& à la hauteur du rocher de lave & de
baſalte dans lequel il a été creuſé, & l'on
verra une preuve, claire comme le jour,
qu'il ne peut jamais avoir été formé
par les deux petits ruiſſeaux qui viennent
s'y joindre vers le milieu ; qu'il faut
néceſſairement qu'il ait été creuſé par
des inondations ſemblables à des déluges. Il faudroit voir le local, pour bien
connoître la force de cette preuve.

Ce vallon forme , comme celui de
Freyſſinet , un triangle dont les trois
côtés ſont égaux. Il a trois lieues de circuit , & au moins quatre cents toiſes de
profondeur , ſavoir , deux cents toiſes
dans le rocher du volcan , & deux
cents dans le rocher calcaire. Il a trois
gorges comme celui de Freyſſinet &
dans la même direction , une à chaque
ſommet de ſes angles, comme celui de
Freyſſinet , avec cette différence qu'il
ne paſſe point d'eau aujourd'hui aux
deux gorges qui ſont au nord de celui-
ci ; au lieu qu'il paſſe un ruiſſeau à cha-

cune des gorges qui font au nord de
celui de Darbres , à l'une le ruiffeau
qui prend fa fource dans le vallon de
Freyffinet à une petite lieue de là ; & à
l'autre dans le vallon de Pramailhet , à
une autre petite lieue ; la troifième au
midi , par où s'écoulent les eaux de ces
deux petits ruiffeaux , après leur jonction faite au milieu du vallon. L'on
voit bien que c'eft l'eau qui venoit par
les deux gorges feptentrionales de ce
vallon qui l'a creufé; ce qui prouve que
le vallon de Freyffinet a été auffi creufé
par les eaux qui venoient par les deux
gorges feptentrionales , & qu'il y avoit
là des courans d'eau , quoiqu'il n'y en
paffe plus aujourd'hui; il n'y a que les
deux courans qui l'ont pu creufer & lui
donner cette forme triangulaire. Mais
revenons à celui de Darbres ; comment
deux fi petits ruiffeaux auroient-ils pu ,
par des inondations communes , creufer un vallon de trois bonnes lieues de
circuit fur une de large , jufqu'à la profondeur de quatre cents toifes , & à travers des rochers durs comme le fer ?

Comment lui auroit-il donné cette
forme triangulaire, & tout cela depuis
le volcan, & par conséquent depuis la
retraite des eaux de la mer, puisque ce
volcan est assis sur les coquillages qu'elle
a laissés ? Comment sur-tout se seroit
formé en ligne droite le côté septentrional d'une lieue de longueur, éloigné
de la jonction de ces deux ruisseaux
d'environ trois quarts de lieue ? Jamais
deux si petits ruisseaux n'ont pu former
un tel vallon, & sur-tout le côté septentrional ; par des inondations ordinaires ;
mais deux courans d'une force extraordinaire tombant obliquement l'un sur
l'autre, auroient imprimé naturellement
un tourbillon aux eaux, & auroient par
ce moyen formé ce côté-là. Mais il n'y
a que des masses énormes d'eau, qui,
venant à se joindre au même endroit,
soient capables de creuser un vallon de
trois bonnes lieues de tour sur une de
large, jusqu'à la profondeur de quatre
cents toises, dans un rocher aussi dur
qui a été totalement emporté, & sur-
tout d'avoir formé ce côté septentrional

en

en la forme qu'il eſt, en ligne droite.
Voyez la X. réponſe.*

Vous me direz peut-être, Monſieur,
que ce vallon s'eſt élargi peu-à-peu par
la chûte de pierres qui s'en détachent.

Mais je réponds, en premier lieu,
où ſont donc paſſées toutes ces pierres
détachées d'un rocher de trois lieues
de tour, & de deux cents toiſes d'épaiſſeur ? je ne compte pas les autres deux
cents toiſes qui forment le tour de ce
vallon ſous le rocher volcaniſé, parce
que c'eſt d'un calcaire ſchiſteux qui re-
tourne en terre peu-à-peu, étant diſſous
par la chaleur, ou la gelée. Ces deux
petits ruiſſeaux les auroient-elles entraînées ? Comment les auroient - ils
tirées des endroits qui ſont à une bonne
demi-lieue de leur lit, ſur-tout, ces
endroits étant des plaines ? Et ſi ces
ruiſſeaux ne les ont pas entraînées, que
ſont donc devenues toutes ces pierres ?
A peine en trouve-t-on pour fermer les
terres.

En ſecond lieu, je réponds que ce

vallon ne s'eſt pas élargi de quatre pieds
ſeulement de chaque côté depuis ſa formation , par les pierres qui ſe ſont détachées peu-à-peu du rocher qui l'envi-
ronne. S'il ſe détache des pierres de ce
rocher , c'eſt ſur-tout du côté du midi
du Coiron , aux endroits où ce rocher
eſt aſſis ſur le lit rempli de ſable & des
cailloux de cette ancienne rivière dont
j'ai parlé ; parce que ces cailloux & ce
ſable mouvant venant à gliſſer de
deſſous le rocher , comme il leur eſt
facile de faire , ce lit de rivière étant
placé ſur une pente qui approche beaucoup de la perpendiculaire , il s'y fait
des excavations , & alors de gros quartiers de pierres qui pèſent peut-être
mille quintaux, emportés par le poids
de leur maſſe énorme , ſe détachent
de ce rocher ; mais ils reſtent en
place , ou roulent fort peu loin : on les
voit tous encore à l'endroit où ils ſe
ſont arrêtés en tombant. Vous verrez
ces gros quartiers de pierres ſous Saint-
Laurent , où l'on commence de voir ce
lit de rivière , entre Mirabel & Saint-

Jean, fous Montbrun, & au-deffus de
Saint-Pons, en fuivant toujours le bord
méridional de cette ancienne rivière ;
mais l'on ne trouve ces gros quartiers
qu'en fuivant ce lit, de forte qu'on
voit clairement qu'il s'en détacheroit
quatre toifes fur ce lit quand il s'en détacheroit deux pieds d'ailleurs. Cependant il ne s'en eft pas peut-être encore
détaché trois toifes de ce côté-là depuis
l'excavation de ce vallon, puifqu'on
ne voit que le bord méridional de cette
rivière qui faifoit les limites du volcan
de ce côté-là, & par conféquent de ce
rocher. Qu'eft-ce qui peut donc avoir
creufé ce vallon fi large & fi profond,
& de forme triangulaire : forme qu'on
voit dans tous les vallons qui répondent
à deux gorges ? Ce ne peut être la mer,
puifqu'il a été creufé depuis le volcan,
& que ce volcan eft affis fur les traces
de la mer. Ce ne font pas les deux petits
ruiffeaux qui viennent s'y joindre au
milieu qui peuvent l'avoir creufé fi
large, fi profond à travers un rocher fi
dur ; l'élargiffement auffi qui peut s'y

être fait depuis sa formation , est trop peu de chose pour qu'il mérite atten-tion. L'on ne peut donc l'attribuer qu'à ces sortes de déluges. *Voyez la XIe. rép.*

Je pense qu'il n'est pas hors de propos de faire remarquer que quand on exca-veroit le rocher du Coiron par-tout ailleurs que vis-à-vis du lit de cette grande rivière , il ne se détacheroit de ces gros quartiers que vers ce lit. La raison est que par-tout ailleurs ce ro-cher est composé de colonnes qui sont divisées & comme séparées les unes des autres par des fentes, au lieu que le rocher qui couvre ce lit de rivière, quoi qu'il soit divisé en colonnes vers sa base , il n'en est pas de même vers le haut ; c'est au contraire un rocher très-compacte , sans division , d'une épaisseur étonnante , qui couvre tout d'une seule pièce ces co-lonnes de basaltes assises sur les cail-loux ; & c'est lorsque ces colonnes s'é-croulent étant minées par-dessous , que ce rocher qui est dessus tombe en gros quartier. Je pense que ce qui empêcha cette couche de rocher de se diviser en

colonnes, c'eſt l'eau de cette rivière qui
y forma ſon lit deſſus, lorſque ſon premier fut comblé par les coulées du
volcan. *Voyez la XII₍ₑ₎. réponſe.*

Mais revenons, quelle preuve ne me
fourniroient pas encore les vallons de
Rocheſauve, S.-Pierre-la-Roche, Seautre! tous ces vallons ſont creuſés dans
la même eſpèce de rocher, & à la
même profondeur que celui de Darbres; il ne paſſe au milieu de chacun
qu'un petit ruiſſeau qui ne prend ſa
ſource qu'à quatre pas de là; ils ont
chacun trois gros quarts de lieue de
largeur vers la cime de leurs côteaux
d'un bord à l'autre : ſuppopoſons que ces
petits ruiſſeaux euſſent formé d'abord
un lit de cinq à ſix toiſes de largeur,
c'eſt tout ce qu'ils peuvent avoir fait
par des inondations ordinaires : dira-
t-on que le bord de ce lit s'eſt élargi
peu-à-peu juſqu'à trois gros quarts de
lieue? le rocher dont ils ſont bordés eſt
ſi dur qu'il ne ſe ronge pas d'un pied
tous les mille ans de chaque côté. Voyez
combien de millions d'années il faudroit

Y 3

pour être parvenu de la largeur de cinq
à six toises à celle de trois gros quarts
de lieue , s'il est possible que de tels
vallons aient été creusés par d'autres
causes que par ces espèces de déluges.

Une autre preuve de ces inondations
extraordinaires, qui va jusqu'à la démonstration , c'est la multitude des grandes
gorges qu'on trouve sur la crête de nos
plus hautes montagnes, qui les coupent ,
quoique formées d'un rocher le plus
dur , quelquefois jusqu'à deux cents ,
trois cents toises de profondeur ; & les
larges & profonds vallons qui correspondent toujours à ces gorges creusées
jusqu'à la profondeur de deux à trois
cents toises à travers le rocher de lave ,
& quelquefois encore autant ou même
plus à travers le rocher calcaire qui se
trouve sous la lave. Le volcan dévasté
que l'on voit presque toujours au milieu
de ces gorges & quelquefois au milieu
des vallons qui leur correspondent ;
tout cela , dis-je , est une preuve la plus
claire & la plus évidente de ces déluges
particuliers , sans lesquels il est impos-

fible d'expliquer toutes ces grandes
gorges que l'on trouve à chaque pas
fur la crête du Coiron , & fur celle des
montagnes qui font autour du grand
Mezin. L'on voit, comme je viens de le
dire , prefque dans toutes ces gorges un
volcan dévafté , & toujours un large
& profond vallon qui correfpond à une
de ces gorges , quelquefois à deux & à
trois, d'autres fois même à plus ; & plus
la gorge eft grande , plus le vallon qui
y répond eft large & profond ; & s'il y
a plufieurs gorges qui vont répondre
au même vallon, ce vallon eft toujours
proportionné au nombre & à la gran-
deur de ces gorges ; quand deux gorges
répondent au même vallon , alors le
vallon forme une efpèce de triangle ;
& s'il y en a trois ou même plus qui
répondent au même vallon , pour lors
ce vallon a la forme à-peu-près d'un
grand puits dont le fond eft une plaine,
& fes bords une chaîne de montagnes
coupée au moins toujours à un endroit
quelquefois à pic , par où s'écoulent les
eaux qui vont fondre de tout côté dans

Y 4

cette efpèce de puits. Telle eſt la plaine d'Aps, & celle du Lac; tel eſt encore le grand baſſin dans lequel ſe trouvent Aubenas, l'Argentière, Joyeuſe & plus de trente autres Paroiſſes. C'eſt dans ce grand baſſin en forme de puits qui a environ trente lieues de circuit, & plus de ſept cents toiſes de profondeur, où viennent ſe rendre de tout côté quantité de petites rivières qui forment Ardèche, laquelle ſort de cette efpèce de grand puits par une gorge que les eaux ſe font ouvertes du côté de Valon, à travers pluſieurs lieues de montagnes d'un marbre le plus dur, qu'elles ont coupé à pic dans pluſieurs endroits. Il n'a d'autre ouverture que celle-là, & une autre du côté de Saint-Jean, par où paſſe Eſcoutaï entre la montagne de Juliau & celle du Coiron.

XIII. Voilà de quelle façon les eaux opèrent quand elles vont ſe joindre au même endroit par différentes vallées. Prenez garde que les lacs imaginés par Sulzer, Académicien de Berlin, & que la plaine d'Avignon que vous avez cru

avoir été un grand lac faigné par la
main de l'homme, n'aient été formés
de cette façon, par les différens courans qui s'alloient joindre au Rhône vers
cet endroit, probablement par des cascades, & même fans cafcades, auront
fait faire un grand tourbillon aux eaux,
& auront creufé en rond un goufre fort
profond, fur-tout s'il y a, du côté par
où s'écoulent les eaux, quelque roche
qui les ait gênées. Je vois d'abord d'un
côté la rivière de Cèze qui vient fe
joindre au Rhône vers cet endroit, &
le Gardon ; d'un autre côté, la Durance
fe joignant au même fleuve à-peu-près
vers le même endroit, par un cours
oppofé, l'un venant du côté du midi
& l'autre du côté du nord ; les eaux
encore qui ont formé le grand vallon
de Saint-Paul-trois-Châteaux, & plufieurs autres courans qui répondent à
cette plaine n'auront pas manqué d'oc-
cafionner un grand tourbillon qui aura
creufé vers cet endroit un abîme très-
profond & très-large ; enfuite les rochers qui formoient les cafcades, em-

porté les lits de ces courans applanis,
leurs eaux diminuant auront paffé à travers ce grand goufre, l'auront comblé,
& voilà probablement l'origine de ces
lacs & de cette plaine , & de ces colonnes de bafaltes mêlées avec des cailloux
roulés de toute efpèce qu'on trouve
avec étonnement au fond des puits les
plus profonds qu'on creufe au milieu de
cette plaine. Je fuis comme affuré que
fi l'on creufoit fort profondément au
milieu de cette plaine, l'on y trouveroit
au fond la même efpèce de rocher dont
les montagnes qui font autour font compofées : preuve que c'eft une force de
cette efpèce qui l'a creufé. Vous le
dites vous-même en parlant des rochers
de Notre-Dame de Dom & de Pierrelatte. *Voyez la XIII. réponfe.*

Que ces cafcades ne vous furprennent
pas , il eft évident qu'il y en a eu dans le
Rhône ; & pourriez-vous vous imaginer
que nos plus petites rvières , même nos
plus petits ruiffeaux , en traverfant des
montagnes de rocher, fe fiffent un lit en
fautant de cafcade en cafcade, & creu-

faſſent des précipices & des goufres les
plus affreux à l'endroit de la chûte de
ces caſcades ; & que le Rhône, ce fleuve ſi puiſſant, eut formé le ſien ſi profond à travers des montagnes de rocher
ſi élevés, ſans aucune caſcade & aucun
goufre? Les grandes rivières opèrent en
grand, à proportion de ce que les petites
opèrent en petit. *Voyez la XIV*. *réponſe.*

Quelqu'un pourroit s'imaginer que
le Rhône a trouvé ſon lit tout fait, mais
rien n'eſt plus clair que l'opinion contraire. La correſpondance de différens
bancs de rocher de la même matière &
de la même épaiſſeur, qu'on remarque
de chaque côté de ce fleuve à l'endroit
où ces rochers ſont coupés en *rive taillée*, comme au détroit de Viviers, ne
permettent pas de le penſer. L'horizontalité des hautes montagnes qu'on voit
de tout côté à droite & à gauche de ce
fleuve, prouve que ſon lit a été de niveau avec les montagnes, tout comme
l'horizontalité des montagnes qui ſe
trouvent le long de nos ruiſſeaux & petites rivières, prouve que les vallons

au milieu desquels coulent ces rivières, ont été de niveau avec les montagnes que l'on voit de chaque côté de ces rivières. *Voyez la XV_e. réponse.*

Il est évident qu'il y a eu au-dessous de Vîviers une de ces cascades qui devoit avoir au moins deux ou trois cents toises de hauteur ; sans doute vous vous êtes apperçu de ce rocher énorme qui s'élève à près de cent toises au-dessus du niveau du Rhône, au milieu du détroit de Viviers ; il paroît que ce fleuve a enveloppé autrefois ce rocher : l'on voit son lit couvert encore des cailloux à son couchant, quoiqu'aujourd'hui il passe à son levant ; mais l'on voit aussi qu'il a passé au-dessus de ce rocher : il n'y a que les eaux de ce fleuve qui puissent l'avoir sillonné de la sorte. Il y a un ruisseau très-profond du côté du midi que les eaux pluviales ne peuvent avoir creusé, parce que le sommet de ce rocher étoit fait en dos d'âne ; les eaux pluviales s'écoulent à droite & à gauche, vers le couchant & le levant où penche le dos de ce rocher, & point du tout du côté

du midi où se trouvent ces sillonnemens.
Quel goufre ne devoit pas faire un
fleuve comme le Rhône, grossi par les
inondations que nous supposons, tombant perpendiculairement , sur - tout
trouvant en tombant un rocher beaucoup moins dur & moins compacte que
celui du détroit qui est des plus durs !
Cette cascade étoit au commencement
vers la cime de la plaine de Donzère
d'un côté, & vers la cime de la plaine
de la Barraque de l'autre. Les deux rochers qui se répondent de chaque côté,
qui forment une si grande élévation , &
qui mettent aujourd'hui ces deux plaines
à couvert des eaux, n'en faisoient qu'un,
comme l'on voit par leur correspondance. Avant que le détroit fût ouvert,
c'étoit de là que les eaux se précipi-
toient & formoient , en tombant de si
haut, un goufre immense à l'endroit où
s'étendent aujourd'hui ces deux plaines ;
le rocher qui répondoit au fort du courant ayant été emporté, & les eaux de ce
courant se trouvant alors de niveau avec
celles du goufre , durent le combler au

lieu de le creuser davantage, parce que d'un côté elle passoit sans cascade; de l'autre côté, gênée par le détroit, trouvant au sortir de cette gorge un endroit qu'elles avoient déjà creusé par la cascade qui s'étendoit beaucoup de chaque côté de ce détroit, elles s'y dilatoient & perdoient par-là beaucoup de leur force; c'est ce qui a formé à droite la plaine de la Barraque, & à gauche la grande plaine qui s'étend depuis le grand rocher qui couvre Donzère jusqu'au-dessous de Pierrelate : le grand rocher qui s'élève si haut au milieu de cette plaine de Pierrelatte toute couverte de pierres roulées par les eaux, n'est autre chose que le noyau de l'unique rocher qui occupoit autrefois toute cette plaine, & qui n'en faisoit qu'une avec celui qui forme les montagnes qui l'environnent, & que les eaux ont emporté pendant ces inondations. *Voyez la XVIe. réponse.*

La grande plaine de Montelimard est de même l'ouvrage de ces inondations. Les eaux gênées du côté du midi par le détroit de Viviers, & grossies vers cet

endroit , où eft la plaine , par plufieurs
courans du côté du Vivarais , & par
la Drôme & Roubieux qui tomboient
obliquement fur le Rhône du côté du
Dauphiné , & probablement par des
cafcades , en fe précipitant des hautes
montagnes du Dauphiné par leurs tour-
billons & leurs cafcades , auront creufé
en rond une efpèce de lac, qui , s'étant
comblé après la diminution des eaux
& l'abattement des rochers qui occa-
fionnoient ces cafcades , auront fait
cette plaine. Ce qui le confirme , c'eft
cette colonne de bafalte que l'on trouva
mêlée avec des cailloux de granit &
de calcaire dans le fond du puits profond, que le jeune frippon , nommé Pa-
rangue,qui difoit voir courir les eaux fous
la terre , fit creufer dans cette plaine.
Vous trouverez toujours le long du
Rhône & des autres ivières , des plaines
vers l'endroit des confluens , à moins
qu'il ne s'y trouve quelque obftacle particulier. *Voyez la XVII$_e$. réponfe.*

XIV. Mais revenons à notre Coiron & fur les montagnes qui font au

levant & au midi du grand Mezin ;
en fuivant la crête de ces montagnes,
nous trouverons à tous les pas des
grandes roches très-larges & très-profondes creufées à travers le rocher le
plus dur, & toujours un large & profond vallon qui vient répondre à une
ou à plufieurs de ces gorges, au milieu defquelles vous trouverez un refte
de volcan dévafté.

En commençant par l'orient, en s'avançant vers le couchant, l'on ne trouve
d'abord les gorges du col d'Allier auquel répond le vallon de Séautre ,
profond d'environ 350 toifes , ayant
une groffe demi-lieue de large, creufé
à travers le rocher du volcan , & enfuite
à travers le roc calcaire qui eft deffous
au milieu de ce vallon où paffe un petit
vallon , qui prend fa fource à la gorge
du col d'Allier. A un petit quart de
lieue de là eft un rocher tourné en
rond , d'une groffeur énorme , ayant
plus de cent toifes de diamètre. Il fort,
comme un arbre, du milieu d'un rocher
calcaire fur le penchant d'une colline
qui

qui approche de la perpendiculaire ; il a
à son couchant le petit ruisseau ; son
côté oriental, au bas duquel est bâti
le village de Seantre, est élevé au-
dessus du sol de plus de 100 toises, &
de plus de 200 toises de par-tout ailleurs, présentent un précipice des plus
affreux, coupé par-tout *à rive taillée*,
excepté du côté du village par où l'on
peut, à l'aide de quelques espèces
de degrés qu'on y avoit pratiqués, grimper, mais avec la plus grande difficulté
& le plus grand péril. Son sommet est
un plateau sourcilleux d'où sort une fontaine, & où étoient anciennement une
forteresse & quelques maisons. De tel
côté qu'on se tourne, quand on est au
sommet, l'on ne peut regarder en bas
sans être saisi de frayeur.

On voit que ce gros rocher étoit
autrefois le cratère du volcan, sa grosseur, sa rondeur, sa sortie du fond d'un
rocher calcaire, différens sillons de
laves qui partent de ce rocher en forme
de grosses murailles, les unes de quatre pieds, les autres de cinq de large,

dont on ignore la profondeur, le dé-
montrent, de même que les grands remparts perpendiculaires de lave & de basalte qu'on voit à droite & à gauche
au sommet de ces côteaux ; ces sillons
font sans doute les conduits des bouches subalternes de ce grand foyer ,
aussi l'on voit qu'elles vont aboutir à
ces grands remparts de lave qu'on voit
au sommet de ces côteaux.

Qui est-ce qui a ouvert cette grande
gorge du col d'Allier à la crête d'une
montagne d'un rocher le plus dur &
creusé un vallon de demi-lieue de large
& de plus de 300 toises de profondeur
qui répond à cette gorge ? Qui est-ce
qui a enlevé & fait disparoître tous les
rochers de lave & de pierre calcaire
qui remplissoient autrefois le vallon &
le devoient rendre de niveau avec les
bords supérieurs de ses côteaux ? Pen-
sera-t-on que c'est la mer ? Mais la mer
s'étoit retirée lorsque le volcan coula,
puisqu'on voit des coquillages couverts
de ses laves. Dira-t-on que ce vallon
y a toujours été à-peu-près de même?

On supposera donc que cette matière
fufible se sera élevée à la hauteur de
plus de 200 toises , & aura formé ,
du temps qu'elle étoit en fufion, un
fi haut rocher perpendiculaire de lave,
fans s'écarter d'un côté & d'autre, en
cherchant fon niveau, felon la loi des
fluides : ces hauts rochers de lave qui forment comme de grands remparts perpendiculaires au fommet de ces côteaux, n'auront pas non plus coulé au
fond du vallon. Eft-ce donc ce petit
ruiffeau qui a emporté tous ces rochers
& formé un vallon de demi-lieue de
large & de 300 toises de profondeur
à travers une matière fi dure ? Eft-
ce un petit ruiffeau qu'un homme peut
paffer dans les plus grandes inondations de nos jours ? Ce ruiffeau peut-il
avoir ouvert cette grande gorge du col
d'Allier à travers le rocher ? Mais ce
ruiffeau ne prend fa fource qu'au fortir
de cette gorge, laquelle a, à fon nord,
le profond vallon de Bannes qui coupe
le courant qui répondoit à cette gorge.
Suivant toujours la crête de la mon-

tagne d'orient à l'occident depuis le col d'Allier jufqu'au grand Mezin, & enfuite depuis le grand Mezin tirant du nord au midi jufqu'à Loubareffe, l'on trouve les gorges fuivantes avec les vallons qui leur répondent.

L'on trouve d'abord le vallon de Chaudcoulan imitant la forme d'un puits d'une lieue & demie de tour; il a fix gorges qui lui répondent, en comptant celle qui eft à fon midi par où s'écoulent les eaux qui fe ramaffent dans cette efpèce de puits. A moins d'un demi-quart de lieue l'on trouve le vallon de Senouillet, un des plus beaux du Coiron, imitant auffi la forme d'un grand puits, il a cinq gorges, l'une à fon midi par où s'écoulent les eaux; trois au nord, & une au couchant, tirant cependant un peu vers le nord. Ces deux vallons font beaucoup moins profonds que ne le font communément les autres; auffi les gorges qui leur répondent le font beaucoup moins que celles qui répondent à de plus larges & plus profonds.

Au fortir de la gorge de Lichemaille,

qui est une de celles qui répondent au vallon de Senouillet, l'on trouve la grande gorge du Cros-du-Loup, où l'on voit au milieu le reste d'un volcan en pente ; & à un demi-quart de lieue plus avant la gorge de Pratuiel, aux-quelles répond le vallon triangulaire où est placé le village de Freyssinet.

À un gros quart de lieue de là, en tirant toujours vers le couchant, & sur la crête de la montagne, l'on rencontre la grande gorge du col de la Soulière, au milieu de laquelle paroît un rocher tout pelé, reste d'un volcan emporté ; elle coupe une montagne de rocher jus-qu'à la profondeur de plus de deux cents toises : l'on voit bien, par les traces de lave & de basalte qui se correspondent, que ces deux montagnes étoient an-ciennement jointes & n'en faisoient qu'une ; comment d'ailleurs le basalte qu'on voit de chaque côté de la gorge se feroit-il soutenu ainsi sur ce pen-chant sans couler au fond dans le temps qu'il étoit en fusion ? Un peu plus loin on trouve la gorge de Blandine, moins profonde que l'autre ; à ces deux gorges répondent à leur midi le profond vallon de Mafaulan fait en triangle, comme il arrive toutes les fois que deux gorges vont répondre à un même vallon ; & qu'il y en a une troisième par où s'écoulent les eaux ; il continue plus d'une lieue à travers le rocher de volcan & de calcaire à la profondeur de deux à trois cents toises.

Qu'on ne perde pas de vue ces gorges toujours à la crête des montagnes où il ne passe plus d'eau ; ces vallons qui y répondent toujours, plus profonds d'abord au sortir de ces gorges dès qu'il y en a plusieurs qui répondent au même ; leur forme régulière qui est unie s'il n'y a qu'une gorge qui y réponde, triangulaire s'il y en a deux, & ronde s'il y en a trois ou plus, & qu'on vienne me dire à la vue de tout cela que c'est le hasard qui a produit cette régularité, ou la mer, puisqu'elle s'étoit retirée lors du volcan, ou bien les inondations communes ? Mais si cela est, d'où vient qu'il ne passe plus d'eau aujourd'hui à ces

gorges qui font fur la crête de la montagne ? Pourquoi ces vallons, au lieu de
continuer à le creufer, ayant toujours
la même caufe, au contraire fe comblent, comme celui de Chaudcoulant,
Senouillet, Freyffinet, & la Prade ;
d'ailleurs les eaux prennent leurs fources
à ces fortes de vallons, au fond defdits
vallons, & à l'endroit le plus large.
Qui a donc formé cette largeur, cette
profondeur & ces gorges ?

Vous me direz peut-être, fi ce font
les inondations qui ont fait ces gorges
& creufé ces profonds vallons qui y répondent toujours, d'où vient qu'il ne
paffe plus d'eau aujourd'hui ; & que s'il
y a un vallon qui y réponde avec un
ruiffeau qui y prenne fa fource, ayant
fon cours vers le midi, il y en a prefque
toujours un du côté oppofé qui répond
à cette même gorge beaucoup plus
profond, & qui a fon cours vers le
nord. *Voyez la XVIIIe. réponfe.*

XV. Il eft vrai qu'il ne paffe plus d'eau
aujourd'hui dans ces gorges qui font fur
la crête du Coiron, & c'eft ce qui prouve

qu'elles n'ont pu être faites que par des inondations ordinaires ; ce qui empêche, ce font de profonds vallons qui fe font creufés au nord du Coiron, & voici comment : la terre étoit avant ces inondations un plan un peu incliné, comme on le voit par l'horizontalité des montagnes, & les eaux couloient du nord au midi ; cela paroît par les différentes gorges qui font à ce même nord, & qui répondent à celles qui font fur la crête du Coiron. Mais les eaux rencontrant cette montagne de rochers volcanifés & plus durs que leur bord qui eft du côté du nord, une partie de ces eaux fe replia du côté de l'orient en côtoyant la montagne du Coiron volcanifée, & l'autre continua fa direction vers le midi à travers le volcan ; elles creusèrent ces gorges qu'on trouve à tous les pas fur la crête de cette montagne ; mais comme celles qui pafsèrent du côté de l'orient trouvèrent une matière moins dure, elles creusèrent davantage. Voilà pour quoi les vallons qui font de ce côté-là font plus profonds ; & voilà auffi ce qui

coupa la communication des courans
avec ces gorges.

Il y a encore cette différence entre
les vallons & les ruisseaux qui prennent
leur commencement à ces gorges, que
ceux qui font au midi & qui ont leur
cours de ce côté-là, continuent ordinairement cette même direction ; au lieu
que ceux qui prennent leur commencement à l'opposite ne continuent leur
cours qu'un très-petit espace vers le
nord, se repliant bientôt vers l'orient.

Voici comment s'est formé ce vallon
qui prend son commencement à cette
gorge & tirant vers le nord, se replie
bientôt vers l'orient ; quoique les eaux
qui venoient du nord vers cette gorge
n'y passassent plus à la fin, soit qu'elles
eussent diminué, soit parce que le vallon
qui alloit vers l'orient s'étoit extrêmement creusé, elles n'avoient pas moins
toujours leur direction vers la même
gorge ; mais ne pouvant vaincre l'obstacle qu'elles y rencontroient, elles se
replioient vers le nord en rongeant toujours le rocher vers cette gorge, &
bientôt tournoyoient vers l'orient.

Mais continuons notre marche vers l'occident, nous trouverons dans l'espace de moins de demi-lieue entre la haute montagne de Blandine & celle de Suseau qui est au même niveau, la fameuse gorge de l'Escrinet enfoncée entre ces deux montagnes de rocher à la profondeur d'environ cents toises. Au milieu de cette gorge l'on voit un rocher de lave tout pelé qui sort parmi le rocher calcaire. C'est la trace d'un volcan emporté à son midi, le grand vallon de Saint-Etienne-de-Boulogne, dont le fond est au-dessous du niveau de Suseau & de Blandine, qui sont une partie de son bord septentrional & oriental au moins de cinq à six cents toises. La montagne de Blandine qui élève ses basaltes, colonnes sur colonnes, jusqu'aux nues, tant du côté de la gorge de Lescrinit que du côté de Saint-Etienne, forme des précipices affreux sur-tout de ces deux côtés ; c'est une preuve évidente que ces deux montagnes étoient anciennement unies, & que la grande gorge de Lescrinet, qui est entre deux, & le

large & profond vallon de Saint-Etienne
étoient de niveau avec le sommet de
ces deux montagnes, parce que, sans
cette suppofition, la lave auroit coulé
dans cette gorge & dans ce vallon, à
moins de suppofer un miracle pour la
contenir en l'air. *Voyez la XIXe. réponfe.*

XVII. Au couchant & à un bon quart
de lieue de la gorge de l'Efcrinet, l'on
trouve une autre gorge qui répond encore
au vallon de S. Etienne, au milieu de
laquelle l'on voit fortir d'un rocher de
granit la grande roche de Gourdon,
qui, ayant fes colonnes de bafaltes
rangées en rond, élève fa tête jufqu'aux
nues, & y forme, au fommet, un plateau
fur lequel l'on ne peut grimper que du
côté du feptentrion, & avec beaucoup
de peine ; elle eft environnée de tous
côtés des vallons les plus profonds, &
offre, tant du côté du couchant & du
levant, que du côté du midi, des précipices à *rive taillée* les plus affreux : l'on
voit que c'étoit le cratère d'un volcan le
plus puiffant : quelle quantité de lave &
de bafalte ne doit pas avoir vomi un

tel cratère? L'on voit la place d'une prodigieuse quantité de colonnes qui étoient rangées autour de celles qui restent; mais elles ont disparu; tout a été emporté; il ne reste plus que la place autour de ces colonnades si elevées, & dont le diamètre est d'environ 40 toises. L'on voit bien encore qu'il y avoit tout autour une matière ambiante; que tous les vallons qui sont autour devoient être pour le moins de niveau, sans quoi cette lave n'auroit pas resté ainsi suspendue en forme de rempart, du temps qu'elle étoit en fusion; quelle cause aura dérangé ce volcan, fait disparoître ses laves & ses basaltes, entraîné la matière ambiante, & creusé tous ces vallons profonds d'alentour? La même qui a ouvert la fameuse gorge de l'Escrinet au sommet d'une montagne, à travers le rocher le plus dur, la même qui a creusé le large & profond vallon de S. Etienne qui devoit être de niveau au temps que le volcan couloit avec le sommet de ces montagnes pour en soutenir la lave fondue, laquelle caufe n'eft ni la mer, ni les inondations ordinaires. *Voyez la XXe. réponfe.*

XVII. Si du haut de la roche de Gourdon l'on tourne les yeux du côté des Boutières, qui font au nord de cette roche, ce pays fe montre avec un nombre innombrable de montagnes toutes horizontales qui s'élèvent en forme de cône des profonds vallons qui les environnent, & des gorges qui répondent à ces vallons. L'on apperçoit fur la plupart de leur fommet des volcans tous pelés, n'y reftant que quelques colonnes de bafaltes placées en rond, les autres qui les environnoient, & dont on voit encore la place d'un grand nombre, ayant difparu : ne demandons pas que font devenues toutes ces colonnes de bafaltes avec tout le refte de la matière qui devoit remplir ces différentes gorges & ces profonds vallons; l'on ne peut donner que la même réponfe & affigner la même caufe.

En avançant toujours fur la crête de la montagne, toujours vers Mezin, au fortir de la gorge au milieu de laquelle se trouve la gorge de Gourdon, l'on entre dans celle de Sarraffet, la plus grande de toutes celles que nous avons décrites, à laquelle répond le grand vallon de S. Andeol. Du milieu de cette gorge s'élèvent deux rochers énormes, qui préfentent le refte d'un volcan emporté : ces deux rochers fortent d'un autre rocher granitique ; à côté de l'un font bâties les deux granges de Sarraffet, l'une à fon couchant, l'autre à fon levant ; & fur l'autre étoit bâti l'ancien château de Corbière. Quelle quantité de laves ne devoit-il pas avoir vomi des cratères fi puiffans ! Il ne paroît plus que le tronc. Où eft paffé tout cela ? au même endroit que la matière qui rempliffoit ces profonds & larges vallons qui font à droite & gauche ; à un quart de lieue de là l'on trouve la gorge de Champrevers, qui répond auffi au même vallon de Saint-Andéol, au milieu de laquelle paroît encore le refte d'un volcan emporté ; celui qui eft derrière Mezilhac, auquel répond le vallon d'Antraigues, & celui de La Champ-

Raphaël, auquel répond le profond vallon de la Baftide viennent après. Enfuite tournant du côté du midi, l'on trouve parmi plufieurs autres, la gorge de la Chavade, à laquelle répond le grand vallon de Maïres, le long duquel on a pratiqué une grande route, fuperbe par des travaux qu'on peut comparer à ceux des Romains; c'eft au bord de la gorge qu'Ardèche prend fa fource, puis tirant toujours vers le midi, du côté du Tanargues, vous trouvez la gorge du Bec, à laquelle répond le vallon de la Souche; enfin en fuivant toujours la même direction, l'on trouve la gorge de Loubareffe avec le refte d'un volcan dévafté, fur lequel eft bâti la tour de Loubareffe. A cette gorge répond le grand & fuperbe vallon de Valgorges; enfin tous ces vallons, & tant d'autres que nous avons laiffés, & qu'il feroit trop long de rapporter, vont fe joindre & n'en font qu'un; toutes les rivières qui s'y forment, venant fe joindre à Ardèche, avant qu'elle fe foit rendue au pont d'Arc, forment cette efpèce

de puits d'environ trente lieues de circuit, & d'environ sept à huit cents
toises de profondeur, il n'y a que le
petit ruisseau de Seautre, qui va se
jeter dans Escoutai, au lieu de se jeter
dans Ardèche.

Il n'y a que le Tanargues qui, avançant une de ses pointes vers le milieu
de ce puits, en dérange un peu la forme; forme qu'on ne peut bien appercevoir que lorsqu'on est placé sur une
des montagnes qui font le bord de ce
puits.

Le bord méridional de votre Carte
enluminée en rouge, présente parfaitement le bord septentrional de ce
puits. La chaîne des montagnes qui
commencent à Juliau, à l'orient de
Saint-Jean, prolongée jusqu'au pont
d'Arc, où elle est coupée par Ardèche,
présente le bord oriental; enfin cette
chaîne de montagne qu'on retrouve
après avoir passé le pont, suivie vers le
couchant, jusques vis-à-vis du Tanargues, qui est au couchant, forme le tour
de tout le puits. On peut dire même que
cette

cette pointe est une montagne isolée toute enfermée dans le puits, puisqu'elle est coupée par le vallon, où coule Chaffefac, du côté de l'occident.

En voyant toutes ces gorges sur la crête de si hautes montagnes & tous ces volcans situés au milieu de ces gorges, ne perdez pas de vue ces larges & profonds volcans qui répondent toujours à une ou à plusieurs de ces gorges, & qui leur sont toujours proportionnées, ni les colonnes de basaltes qui se répandent souvent de chaque côté de ces gorges, ni celles qui s'élèvent si souvent sur les côteaux de ces vallons, & forment des précipices *à rive taillée* les plus affreux, & vous serez obligé de convenir que ces gorges qui sont sur la crête de ces montagnes, entre les rochers de volcan, de même que les profonds vallons qui leur répondent constamment, & qui sont quelquefois à plus de six cents toises du niveau du sommet des colonnes de basaltes qui se trouvent au bord des côteaux de ces vallons, où ils forment

des précipices affreux, ont été remplis autrefois de matière, parce que,
sans cette supposition, il est évident
que ces basaltes, pendant qu'elles
étoient en fusion, auroient coulé &
dans le fond de ces gorges & de ces
vallons, & que ce n'est pas la mer qui
a ouvert ces gorges ni creusé ces vallons, puisqu'elle s'étoit retirée, lors du
volcan, sous lequel l'on découvre ses
traces : il faut par conséquent conclure que ce sont ces inondations
extraordinaires qui ont ouvert ces grandes gorges en coupant des montagnes
de rocher le plus dur, jusqu'à la profondeur de deux cents, quelquefois de
trois cents toises ; & au sortir de cette
gorge, les eaux se joignent souvent
avec les eaux qui venoient d'une autre
gorge, ou dans une matière moins
dure, ont creusé le vallon qui répond
à ces gorges, quelquefois jusqu'à la
profondeur de six à sept cents toises.
Voyez la XXIe. réponse.

XVIII. Alors vous reconnoîtrez que
les volcans qui sont autour du Coiron,

tel que celui de Veſſeaux, d'Aubenas, celui d'Aps, de Rochemaure, de Bergouiſe, de Saint Lage, proche de Chomeirac & celui de Privas ne ſont pas ſous-marins, quoique le dérangement dans lequel vous les avez vus, & qui les rend ſemblables à ceux que vous avez obſervés au bord de la mer & dans la mer même, vous les ait fait regarder ſous-marins. Vous verrez que ce ſont ces inondations extraordinaires qui ont ouvert les gorges, creuſé les vallons qui leur répondent, qui emporte ou dérange les volcans de ces gorges, qui auront, à plus forte raiſon, dérangé ou emporté ceux qui ſe trouvent dans les vallons qui ſont autour du Coiron, parce que c'eſt là qu'alloient aboutir les eaux qui paſſoient par les gorges. Vous verrez que ce ſont elles qui ont empotté la lave & le baſalte de celui de Veſſeaux, que ce ſont elles qui ont mis le déſordre que vous avez remarqué à celui d'Aubenas, dont la plupart du baſalte a été emporté; & s'il en eſt reſté quelque co-

lonne , elle a été dérangée de fa place,
& laiffée parmi des pierres roulées,
granitiques & volcaniques, & d'autres
déblais dans une confufion qui vous a
paru inexplicable dans le fyftême de la
mer.

Vous verrez que c'eft la même caufe
qui a emporté la lave & le bafalte du
volcan fur lequel eft bâti le château
d'Aps : dans ce fyftême , la roche d'Aps,
cette roche fi fingulière & fi élevée
ne vous furprendra point, quoique vous
la voyez renverfée, de façon que fon
fommet fi élevé & fon fondement actuel étoient autrefois fes côtés latéraux , & fon côté méridional étoit fa
bafe , & par conféquent fon côté fep-
tentrional étoit fon fommet. L'on n'a
qu'à examiner du côté méridional, &
au premier coup-d'œil l'on voit que
c'étoit fa bafe , & dès-lors il eft clair
que tous ces autres côtés étoient placés
de la façon que je viens de le rapporter.

Voici encore un raifonnement qu'on
peut faire pour prouver que les volcans
qui font autour du Coiron n'ont pas
été fous-marins.

Ou ces volcans font antérieurs, ou poftérieurs à ceux du Coiron que j'ai démontré, & que vous avez démontré vous-même n'être pas fous-marins, ou ils font de la même époque: s'ils font *antérieurs*, comment peut-on fuppofer qu'on trouve des volcans à tous les pas au bord du Coiron, qui le touchent pour ainfi dire; & qu'à cet efpace de quinze à feize lieues de tour qu'occupe le volcan du Coiron, il n'y en eût point du tout? terrein d'ailleurs qui devoit être plus bas que l'endroit où l'on voit ces volcans, puifque c'étoient les côtés latéraux; & la preuve que cet endroit étoit plus bas, c'eft qu'après que la mer fe fut retirée, les eaux s'y ramaffoient de droite & de gauche, & y formoient de groffes rivières, dont les rivages étoient à l'endroit où font maintenant des vallons plus bas que ces lits de rivières de quatre à cinq cents toifes, au fond defquels fe trouvent aujourd'hui ces volcans dévaftés. Le fol du Coiron étant d'ailleurs plus bas devoit être plus foible, & par conféquent l'ouverture d'un volcan qui en étoit si proche, &, pour mieux dire, qui le touchoit, devoit se faire plutôt là que dans ses environs plus élevés.

Si ces volcans sont *postérieurs* à celui du Coiron, ils ne peuvent pas non plus avoir été sous-marins, parce que dans le temps que le volcan du Coiron couloit, il y avoit cette grande rivière dont nous avons parlé, qu'il combla ; & certains de ces volcans, comme celui de Villeneuve & d'Aps, étoient à son rivage méridional ; ce rivage étant plus élevé que ce lit de cette rivière pour contenir ses eaux, la mer qui l'auroit couvert, auroit été encore plus élevée que ce rivage, & par conséquent encore plus élevée que ce lit de rivière ; & par une suite de conséquences, la mer auroit inondé la rivière, ou plutôt il n'auroit pu y avoir de rivière, si ces volcans sont de la même époque que ceux du Coiron ; par la même raison, il est évident qu'ils ne peuvent pas être sous-marins, parce que, dans ce cas aussi, la mer courant

les rivages de cette rivière, auroit été
plus élevée que ce rivage, & à plus
forte raison que le lit de la rivière,
& l'auroit inondé : l'on voit tout autour du Coiron des sillons de laves
qui représentent la forme des murailles
souterreines qui, venant du coté de
ces volcans, viennent aboutir au Coiron ; cela prouve que ces volcans sont
de la même époque que ceux du Coiron, & même que ce sont des bouches subalternes de ce dernier.

Je puis me servir, pour confirmer
toutes ces preuves, d'un de nos rai-
sonnemens qui m'a paru très-solide,
en parlant du volcan de Privas ; vous
avez dit avoir trouvé dans sa lave
une pierre calcaire bien conservée &
fort dure, de là vous avez conclu que
ce noyau n'étoit pas en état de vase
quand il a été enveloppé par la matière du volcan. Celui d'Aps, par la
même raison, n'est donc pas sous-marin ?
L'on voit un sillon de lave qui vient
du côté de Saint-Jean & va joindre
le volcan sur lequel est bâti le château

d'Aps. Ce filon paſſe au pied du mont
Julien. C'eſt là qu'on prend, pour
conſtruire les ponts qu'on fait vis-à-vis,
ſur la route qui va de Saint - Jean à
Viviers, la meilleure pierre & la plus
belle, dans laquelle il y a quantité de
pierres calcaires incruſtées dans les
laves ; ces noyaux n'étoient donc pas
en état de vaſe quand ils ont été en-
veloppés ? Ce volcan n'eſt donc pas
ſous-marin ? *Voyez la XXII. réponſe.*

XIX. Tout proche de ce village
d'Aps, dès que vous avez paſſé ſur Viviers pour y aller, vous trouvez à droite
un grand ſillon de lave où l'on voit
une ſi grande quantité de ſchiſtes di-
viſés en planches toutes feuilletées,
qu'elles occupent plus d'eſpace que
la lave qui l'enveloppe ; tout cela
marque bien que cet endroit n'étoit
pas en état de vaſe ; il y auroit une
infinité d'autres preuves pour faire
voir que ces volcans du tour du Coiron
ne ſont pas ſous-marins ; mais n'allons
pas chercher toutes ces preuves, tandis
que nous avons une démonſtration toute

claire ; vous concluez que tous ces
volcans qui font autour du Coiron
font fous-marins parce qu'ils font tous
dévaftés & femblables à ceux que vous
avez mis au bord de la mer & dans
la mer même.

Mais ayant démontré que la mer
s'étoit retirée quand le volcan du Coiron
vomit fes laves, puifqu'il en couvroit
les débris de la mer & que les profonds vallons qui environnoient le
Coiron, au fond defquels font ces
volcans, étoient remplis de matières
qui s'élevoient au-deffus de ce volcan,
puifque c'étoit là le bord de la rivière
dans laquelle couloit la lave dans la
même direction que l'eau y avoit coulé,
& qu'elle y coule encore après les
premières irruptions du volcan, puifqu'elle faifoit un nouveau lit fur le
rocher de lave qui étoit dans la même
direction que le premier : il eft donc
conclu que les vallons fe font creufés
depuis le volcan du Coiron, que ce
n'eft pas la mer qui les a creufés, puifqu'elle s'étoit retirée, que la même

cause qui a creusé les vallons a dirigé les volcans ; & comme ce n'est peut-être que des inondations extraordinaires qui ont pu creuser les larges & profonds vallons, ce ne peut être aussi que les mêmes inondations qui ont dévasté ces volcans & les ont rendus si semblables à ceux que vous avez remarqués au bord de la mer & hors la mer même.

Je pourrois bien conclure à plus juste titre que ce sont ces inondations, & non pas la mer, qui ont dévasté les volcans qu'on y voit au bord & dans la mer même, parce que les eaux dûrent être bien plus fortes vers les approches de la mer pour dévaster & entraîner ce qu'elles y rencontroient, & comme dans ce systême la mer a dû gonfler, ses eaux en reculant auront enveloppé le reste des volcans que les inondations avoient déjà dévastés : la mer d'ailleurs put bien dans la suite des temps ronger quelque peu à force de venir heurter au même endroit, mais elle ne déplace pas de gros quartiers

de pierres, elle ne les entraîne point,
elle ne fourre pas de roche telle que
l'énorme roche d'Aps.

Vous me direz peut-être, Monfieur,
s'il y avoit eu des inondations fi
fortes dans le Vivarais, le refte du
royaume s'en feroit fenti & peut-être
même toute la terre, mais au moins le
Bas - Languedoc à plus forte raifon,
puifque toutes les eaux devoient aller
fe joindre-là ; cependant l'on n'y voit
pas ces profonds vallons qu'on voit
par tout le Vivarais, fur-tout au bord
de nos montagnes, au contraire ce font
de larges plaines.

Je réponds, en premier lieu, que ces
déluges peuvent être arrivés par toute
la terre : ce qui le prouve c'eft l'horizontalité des montagnes, & les profonds vallons que l'on voit prefque
par-tout, mais ils peuvent être arrivés
dans le même temps ou fucceffivement,
ils peuvent même avoir été plus forts
dans certains endroits que dans d'autres, comme il arrive à l'égard de
nos inondations ordinaires.

Je réponds, en second lieu, que ces plaines que l'on voit dans le Languedoc bien différentes de celles qui sont dans nos vallons, ne prouvent pas que ce pays ne se soit pas senti de ces inondations, elles prouvent au contraire que la quantité d'eau a été plus forte là & a dû l'être plus, puisque les eaux dûrent se fortifier à mesure qu'elles rapprochent du lieu de leur retraite & s'éloignent de l'endroit où elles commencent leur cours; il suit de-là qu'elles ont dû former de plus grands lits & par conséquent de plus grandes plaines; n'est-ce pas le long des plus grands fleuves que l'on trouve les plus grandes plaines? N'est-ce pas à mesure qu'ils approchent de leurs embouchures que ces plaines au milieu desquelles ils coulent, s'élargissent? Ici il y a une raison de plus, c'est que ces eaux ayant d'abord emporté le terrein qui étoit aux environs de la mer dans son sein la firent gonfler. & par-là vers la fin les eaux de ces inondations dûrent être endor-

mies aux approches de la mer & dûrent
y faire un dépôt des terres qu'elles
traînoient, & combloient par-là les
grands vallons qu'elles y avoient déjà
creusés, elles auront applani le tetrein &
en même temps bonnifié ; & voilà comment cette objection appuie ce fyftême, au lieu de l'affoiblir.

Sans entrer dans une infinité de
raisons qui provenoient de ce fystême &
qu'il feroit trop long de rapporter,
ce qui en prouve encore la vérité, c'eft
la facilité avec laquelle l'on y explique
mille difficultés qui paroiffent inexpli-
quables dans tout autre fystême. *Voyez
la XXIII.e réponse.*

XX. Qu'on explique, fans le fecours
de ce fystême, quantité de pierres roulées de granit qu'on trouve fur le plateau du Coiron, pays où la mer n'a
jamais paffé depuis le volcan, & qui
n'a aucune communication avec aucun
rocher granitique ; qu'on explique, fans
le fecours de ce fystême, tant de cailloux roulés de toute efpèce qu'on
trouve fur les montagnes qui font le
long des rivières, & fur-tout vers l'en-

droit de leur jonction avec d'autres rivières, & plus sur les montagnes qui
sont le long des grandes rivières que
sur celles qui sont le long des petites.
Si c'est la mer qui a déposé ces cailloux
sur ces montagnes, comme on a voulu
me le soutenir, pourquoi les trouve-
t-on plutôt sur les montagnes qui sont
le long des rivières que sur les autres,
& plutôt sur celles qui sont vers leurs
confluents qu'ailleurs ? & pourquoi encore ne trouve-t-on que des cailloux
de granit sur les montagnes qui sont le
long des rivières qui n'ont leur cours
que sur le granit, & des cailloux de granit & de basalte sur celles qui sont le
long des rivières qui ont coulé sur le
granit & sur le volcan ?

Vous trouvez ces cailloux quelquefois sur des montagnes qui sont au-
dessus du niveau de ces rivières de
deux ou trois cents toises, l'on en
trouve une quantité prodigieuse sur les
montagnes qui sont long du Rhône,
l'on en trouve de part en part sur
celles qui sont le long d'Ardèche, sur-

tout depuis fa jonction avec Beaune & Chaſſeſat juſqu'au Rhône. Saint-Juſt, quoiqu'aſſez éloigné d'Ardèche, & aſſez élevé, eſt bâti ſur un lac de cailloutages de toutes eſpèces, cal-caires, volcaniques, & granitiques, dont on ne connoît pas le fond.

Dira-t-on qu'Ardèche avoit autre-fois ſon lit à cet endroit, mais que par les excavations des inondations ordinaires, ſon lit s'eſt abaiſſé peu-à-peu depuis le ſommet de ces hautes montagnes juſqu'à l'endroit qu'il oc-cupe aujourd'hui? Mais ſi cela eſt ainſi, pourquoi Ardèche & toutes les autres rivières ne continuent pas de creuſer par le moyen de ces mêmes inondations ordinaires? Cependant elles font tout le contraire; Ardèche en eſt une preuve évidente. Pour affermir le beau pont qu'on y a bâti, vis-à-vis de Saint-Juſt, il a fallu creuſer juſqu'à une profondeur étonnante; ne trouvant encore que des cailloutages de ſable, il a fallu bâtir ſur des pilotis; il n'eſt donc pas douteux cependant qu'elle n'ait creuſé

autrefois jusqu'au rocher, puisqu'on
voit que les montagnes qui font de
chaque côté de la rivière, font de
rocher de la même quantité, & quand
le fond de fon lit ne feroit pas de
rocher, l'on voit bien qu'il a été autrefois au fond des cailloux & que c'eft
elle qui les a entraînés ; qu'on fuive
toutes les rivières qui vont fe jeter
dans le Rhône ; l'on verra par-tout à
proportion le même comblement à
leur jonction, je l'ai déjà dit d'Efcoutai.
C'eft une preuve manifefte que le lit
du Rhône s'eft comblé auffi, puifqu'il
eft aujourd'hui de niveau avec les lits des
petites rivières qui s'y jettent ; & s'il
avoit été auffi élevé qu'il l'eft maintenant, ces petites rivières n'avoient
pas creufé fi profondément au-deffous
du niveau de ce fleuve. Les cailloux
trouvés à Paris, le long de la Seine, à
cent pieds de profondeur, & les répa-
rations qu'on fait à la Durance pour
contenir fon lit en font la preuve.

Mais les grandes plaines qu'on trouve le long de fes rivages, fur-tout du
côté

côté de Dauphiné, ne démontrent-elles pas que son lit s'est comblé depuis sa formation, au lieu de se creuser? ce lit est presque de niveau avec ces plaines, puisque les moindres crues d'eau extraordinaires les inondent, quand on creuse cependant au milieu de ces plaines les puits les plus profonds; après y avoir trouvé une certaine épaisseur de terre fine, l'on ne trouve que des cailloux de toute espèce roulés, & quelquefois des colonnes de basaltes toutes entières, sans trouver le fond.

Mais, dira-t-on peut-être, il semble que le Rhône creuse en certains endroits de même que les autres rivières. Oui, il creuse, mais lentement, aux endroits où se trouve le rocher le plus dur, parce que c'est là le reste de ces grandes cascades qui se firent au temps de ces déluges particuliers qui creusèrent les lits des rivières & des abîmes si larges & si profonds au-dessous de ces cascades où l'on voit aujourd'hui ces grands aterriſſemens ; car c'eſt ordinairement au-deſſous des caſcades & ſur-tout au-deſſous des détroits où étoient les plus grandes caſcades qu'on trouve des iſles au milieu du Rhône & des plaines à côté, avec tous ces aterriſ-ſemens ; la raiſon de cela eſt que l'eau tombant de la caſcade va heur-ter le fond du goufre qu'elle s'eſt creuſé, pàſſant pour aller à fond à travers une grande maſſe d'eau qui eſt preſque dormante, il faut qu'elle remonte enſuite du fond du goufre, & par-là elle perd de ſa force en tombant ſur cette eau dormante, en heurtant au fond du goufre, & en remontant ; au ſortir de là elle n'a plus la force de tirer les déblais qu'elle traînoit & de là ſe forment les iſles & les aterriſſemens.

Vous avez trouvé beaucoup de difficultés pour expliquer par le moyen des eaux de la mer, les cailloux cal-caires, granitiques & volcaniques rou-lés que vous avez trouvés dans la grotte de Valon. En effet la difficulté eft affommante, parce que du temps que ce terrein étoit en va-fe, cette grotte n'étoit pas ; ce n'eft que par le retrait de la matière que cette grotte s'eft formée, & ce retrait ne s'eft fait qu'après le retrait des eaux; il eft donc bien difficile de concevoir comment la mer a pu remplir cette grotte de ces cailloux calcaires, gra-nitiques, volcaniques & de débris de toute efpèce avant qu'elle fût faite.

Mais rien de plus facile à expliquer dans les fyftêmes des inondations, vous favez que la roche calcaire eft remplie de ces antres, il y en a plu-fieurs à Vogué, à Chaumerac, il y en a une d'où il fort une rivière, l'on en voit par-tout dont on n'a ja-mais pu trouver le fond.

A Fraiffinet, le 21 Mai 1780.

La fuite des Lettres dans le Tome VII fous preffe.

TABLE
DES CHAPITRES
DU TOME SIXIÈME,
SUR L'HISTOIRE NATURELLE DU GÉVAUDAN.

les fchiftes primitifs des hautes montagnes. Le mica domine dans les roches fchifteufes des montagnes gévaudanoifes. Il paroît être une décompofition de matière formée antérieurement ; fes molécules élémentaires,
toutes plates, facilitent l'adhérence
réciproque & la réunion par l'intermède de l'eau. page 31

B b 3

LETTRES SUR LA MINÉRALOGIE, LA GÉOGRAPHIE PHYSIQUE ET LES ÉPOQUES DE

Fin de la Table des Chapitres & du Tome VI de l'Histoire naturelle de la France méridionale.

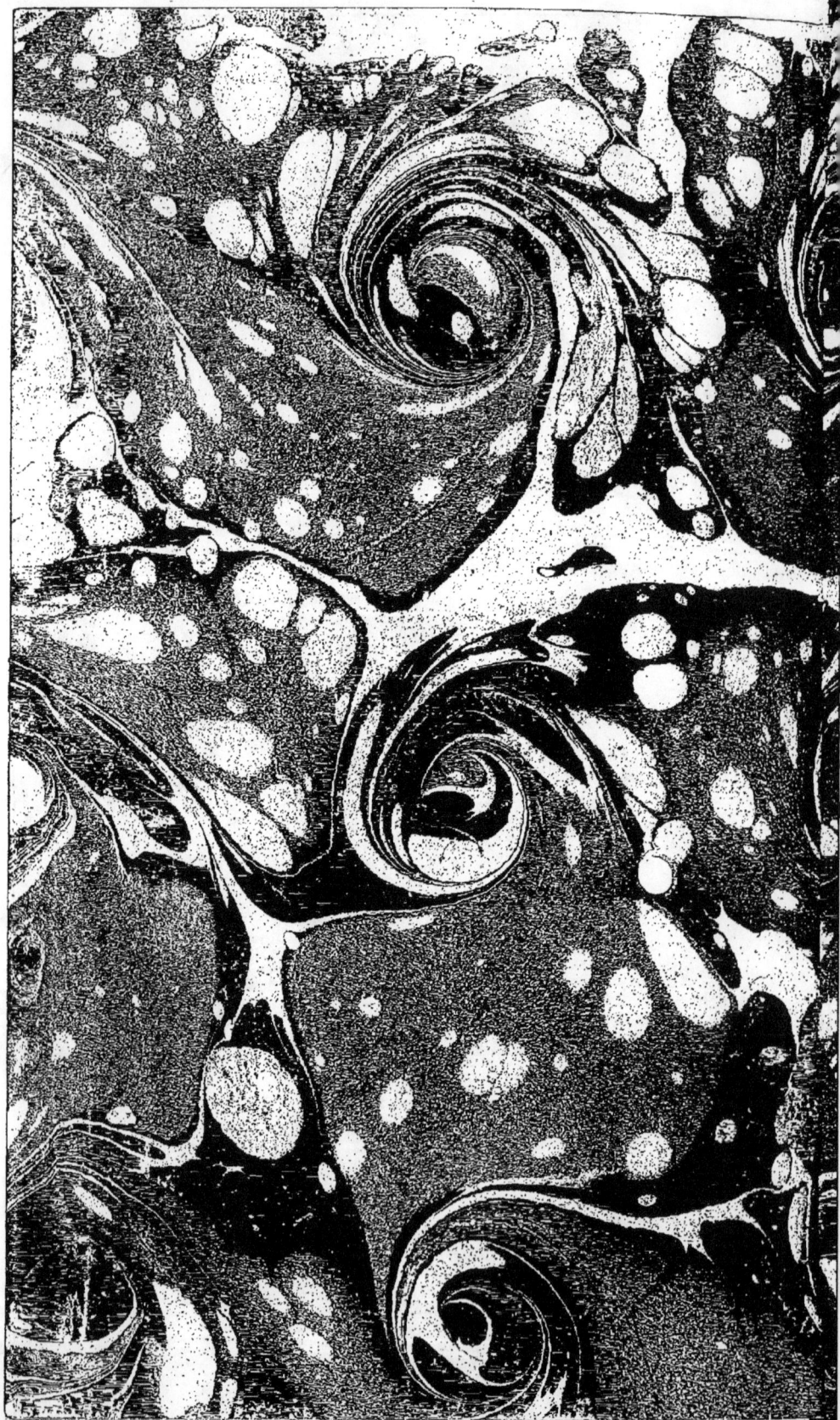

www.ingramcontent.com/pod-product-compliance
Lightning Source LLC
Chambersburg PA
CBHW052105230326
41599CB00054B/3761